流域概率水文预报方法研究

李　薇　周建中　侯　新　冯耀龙
陈亮亮　汤　超　姚翔宇　著

黄河水利出版社
·郑州·

图书在版编目(CIP)数据

流域概率水文预报方法研究/李薇等著.—郑州:黄河水利出版社,2020.7

ISBN 978-7-5509-2735-3

Ⅰ.①流…　Ⅱ.①李…　Ⅲ.①流域-水文预报-方法研究　Ⅳ.①P338

中国版本图书馆 CIP 数据核字(2020)第 122590 号

组稿编辑:贾会珍　电话:0371-66028027　E-mail:110885539@qq.com

出 版 社:黄河水利出版社　网址:www.yrcp.com

地址:河南省郑州市顺河路黄委会综合楼 14 层　邮政编码:450003

发行单位:黄河水利出版社

发行部电话:0371-66026940、66020550、66028024、66022620(传真)

E-mail:hhslcbs@126.com

承印单位:河南承创印务有限公司

开本:890 mm×1 240 mm　1/32

印张:3.25

字数:100 千字　印数:1—2 000

版次:2020 年 7 月第 1 版　印次:2020 年 7 月第 1 次印刷

定价:36.00 元

前 言

由于受全球气候变暖和人类活动的影响，频发的旱涝灾害给人类的生产生活带来了巨大的影响，为减少洪水灾害给人类生产和生活带来的损失，同时合理开发利用水资源并且充分发挥水资源的可持续利用特性，水利专家开展了针对水文循环系统的观测、试验、分析和研究，从而形成了水文学科。水文预报是水文学研究领域的重要研究内容，水文预报是对未来的水文情势做出预测的技术，准确及时的水文预报，对于防范水旱灾害，争取防汛、抗旱的主动权，制订科学的水资源调度方案，充分利用水资源，发挥水利设施的作用并保证其安全以及保障工农业生产和人民生命财产安全方面具有重要意义。

随着计算机科学技术的发展和信息的快速传播，水文预报的技术和要求也在日臻完善。由于水文预报存在大量的不确定性因素，传统的确定性水文预报模型包括基于统计理论的黑箱模型、概念水文预报模型和分布式水文预报模型，这些模型没有考虑水文过程的不确定性，忽视了水文预报的风险性，不能够进行不确定性的量化预报，因此这些方法不能完全正确地反映水文过程，仅提供预见期内的水文预报值已不能满足相应的流域管理部门需求。尤其在汛期发生大洪水时，不同概率的水文预报给决策者提供了更多的水文预报信息供其决策，更大程度地保证了下游的生命财产安全，同时使水利工程在保证下游安全的基础上充分利用水能发电，对于提高社会效益和调度发电部门的经济效益具有重大意义。为了更准确地预估不确定性对水文预报模型的影响，水文专家和学者开展了大量不确定性分析研究，本书的主要研究内容就是从水文现象的不确定性出发探索和研究流域概率水文预报的方法。

本书在总结过去研究工作的基础上阐述概率水文预报的基础理论、方法及应用实践，以期为现代概率水文预报方法的研究提供一定的研究基础。全书共分 5 章,第 1 章绪论部分简要介绍了水文预报的方法和研究现状;第 2 章以柘溪流域为应用实例介绍了新安江模型的应用;第 3 章阐述了采用贝叶斯概率方法进行流域概率水文预报的方法,第 4 章介绍了采用小波分析-投影寻踪回归和基于理想边界的多元线性回归预报模型两种概率水文预报方法,并利用这两种上下限区间水文预报模型在长江上游进行概率水文预报的应用,第 5 章介绍了采用主成分分析筛选预报因子进行中长期水文预报的方法。

本书的研究工作得到了重庆市自然科学基金(基础研究与前沿探索专项)面上项目(cstc2019jcyj-msxmX0790)、重庆市教委科学技术研究项目(KJQN201903802)、重庆市教委科技重点项目“城市河流生态综合治理关键技术研究”(KJQN201803811)、重庆市教委 2018 年“水资源与生态环境保护重庆市高职高专应用技术推广中心”建设项目、重庆水利电力职业技术学院 2018 年度高层次人才引进基金“重庆市山洪灾害风险分析研究”、重庆水利电力职业技术学院“水利行业建材岩土及水工仿真应用技术推广中心”建设项目的资助和支撑,特此向支持和关心作者研究工作的所有单位和个人表示衷心的感谢。还要感谢指导我多年的导师,感谢同门及同事的帮助和支持,感谢为本书出版付出辛勤劳动的出版社同人。书中部分内容参考了有关单位和个人的研究成果,在此一并致谢。

由于流域概率水文预报的方法和理论不断更新改进,本书所介绍的方法也有不尽完善之处,再加上作者水平所限,书中疏漏之处在所难免,敬请广大读者批评指正。

作　者

2020 年 5 月

目　录

第1章 绪 论

1.1 水文预报简介

水文预报是利用已有水文气象资料对未来的水文情势做出定性或定量预测的技术。其中，已有水文气象资料包括降水、蒸发、流量、水位、气温和含沙量等观测信息。预报的水文变量通常有流量、水位、冰情、旱情等。准确及时的水文预报，对于防范水旱灾害，争取防汛、抗旱的主动权，制订科学的水资源调度方案，充分利用水资源，发挥水利设施的作用并保证其安全以及保障工农业生产和人民生命财产安全方面具有重要意义。

按照水文预报的项目，水文预报可以分为径流预报、冰情预报、沙情预报和水质预报等。其中，径流预报按照水量大小可以分为洪水预报和枯季径流预报。预报要素主要是水位和流量。水位预报包括水位值和出现时间。流量预报包括流量值、流量过程、流量发生的时间。本书所研究的对象是河流水文要素，属于径流预报的范畴。流域水文预报是将水文预报应用于某个流域范围内的水文预报。

根据预见期的长短，水文预报可以划分为短期水文预报和中长期水文预报。预见期是指预报发布时刻与预报事件发生时刻所间隔的时间。通常短期水文预报是指预见期在1~3 d的水文预报，中长期径流预报是指预见期超过流域汇流时间并且通常在3 d至1 a的径流预报。其中，预见期在3~10 d的为中期水文预报，10 d以上至1 a的为长期水文预报。预见期和精度是相互对立的，短期水文预报因为有较为精确的已知信息，预报精度较高。中长期水文预报又因为有较多随机因素的作用，精度比短期水文预报有所下降。

1.2　流域水文预报研究方法

水文预报模型是将流域概化为一个系统,通过输入已知水文气象信息,求解输出的水文结果,对流域上发生的水文过程进行模拟计算。按照水文现象的基本规律,分为确定性和随机性两类。确定性指在一组已知的不变条件下,不管怎样多次模拟水文现象总是假定得出相同的结果;后者指每次模拟所产生的水文现象可能都是不同的,对这种不确定事件只能做出概率预估。本书主要从水文现象的不确定性出发探索和研究流域概率水文预报的方法。

确定性模型可以分为系统理论模型和概念性模型两大类。系统理论模型是对流域结构内部的物理机制往往不能事先确定,而只能是建立在“系统识别过程”上的一种方法,比如模糊数学、神经网络模型等系统模型。与系统理论模型相反,概念性模型是在流域结构内部把水文现象的物理机制加以概化,用逻辑推理方法对概化后的水文现象进行数学模拟的一种方法。20 世纪六七十年代大量的概念性水文模型涌现,如斯坦福流域模型、萨克拉门托模型、水箱模型、API(前期降雨径流模型)等。

概念性流域水文预报模型依据产流和汇流机制,分别采用不同的预报方法。产流方面,根据流域产流方式属于概化的蓄满产流或者超渗产流机制,分别建立不同的水文预报模型,比如我国的新安江模型属于蓄满产流模式,陕北模型属于超渗产流模式。

汇流方面,要考虑不同地区地面径流和地下径流的比例不同和汇流速度不同,对于大流域则需要划分单元考虑。地面汇流方法通常有时段单位线、等流时线、瞬时单位线等方法,地下汇流通常采用线性水库演算的方法。在大流域中,可以将下断面入流量来源划分为上游断面来水量和区间入流量,其中上、下游断面流量可依据相似性原理,采用求解圣维南方程组的方法进行河道流量演算与洪水预报,常用的近似方法有特征河长法、马斯京根法和滞后演算法等。

随着计算机技术、地理信息技术和遥感技术的发展与应用,采用卫星技术进行降雨信息的获取成为可能,陆气耦合模型以及分布式水文模型在近些年取得了大量的研究和突破。

1.3 国内外流域水文预报研究现状

1.3.1 短期径流概率水文预报模型研究概况

短期水文预报是指预见期为1~3 d的水文预报,根据模型原理可以分为概念性水文预报模型、系统模型、分布式水文预报模型等,这些水文预报方法可以实现对流量、水位等相关水文变量在某一时刻的确定值预报。随着计算机科学技术的发展和信息的快速传播,水文预报的技术和要求也在日臻完善。但是这些确定性水文预报方法没有考虑水文过程的不确定性,忽视了水文预报的风险性,不能够进行不确定性的量化预报,因此这些方法不能完全正确地反映水文过程。由于水文预报存在大量不确定性因素,传统的确定性水文预报包括基于统计理论的黑箱模型、概念水文预报模型和分布式水文预报模型提供预见期内的水文预报值已不能满足相应的流域管理部门需求。尤其在汛期发生大洪水时,不同概率的水文预报给决策者提供更多的水文预报信息供其决策,更大程度地保证了下游的生命财产安全,同时使其在保证下游安全的基础上充分利用水能发电,对于提高社会效益和调度发电部门的经济效益具有重大意义。

为了更准确地预估不确定性对水文预报模型的影响,水文专家和学者开展了大量不确定性分析研究,主要从模型结构、模型参数和输入不确定性等方面进行了水文预报的不确定性分析。针对输入不确定性对预报结果的影响,Vrugt 采用马尔科夫蒙特卡罗进行水文反向模拟。同时,为了降低模型结构的不确定性,水文模型组合预测也被考虑为降低水文不确定性的一种行之有效的方法。

通过对不确定性的大量分析和不确定性来源的挖掘,进一步开展不确定性的预测,于是概率水文预报取得了突破性的研究。Chen 和 Yu 采用基于模糊推理的模型模拟水文预报误差的概率分布,将概率预报误差与确定水文模型结合得到概率水文预报。张海荣在包含率和区间宽度的基础上引入对称性因子,采用上下限估计方法和人工神经网络构建区间预报模型实现区间预报。赵铜铁钢提出了一种基于预报技能的水文预报方法模拟动态更新的流量过程,说明了统计学模型在模型进化方面是很有效的。叶磊采用多目标算法进行集合模拟预报,以概率分布的形式预报径流。赵铜铁钢采用超越贝叶斯概率预报的方法进行中长期预报,将经济学中的边际效应应用于 BFS 概率预报方法。赵铜铁钢将概率预报与水库防洪调度结合,论述水文不确定性对水库调度的影响。李明亮将流量分为高流量和低流量的分层,采用贝叶斯模型估计基于地貌学的水文模型参数,对比考虑降雨误差和不考虑降雨误差的贝叶斯概率模型预报结果,证明了改进的考虑降雨误差的地貌学概率预报水文模型的有效性。另外,考虑天气和气象影响的集合预报在概率水文预报方面也有了大量研究。

概率预报研究最广泛的方法是贝叶斯概率预报。BFS 贝叶斯概率预报系统最早是由 Krzysztofowicz 提出,又通过正态分布变换将亚高斯分布转化为高斯分布,实现对于非正态分布假设的改进。张洪刚将先验分布和似然函数的边缘密度函数用神经网络模型等非线性的方法进行预报,实现了线性假设的改进。针对贝叶斯分布中极大值和极小值的预报,采用特殊处理的方法进行改进。通过采用累积概率分布的形式改进实时洪水预报的形式,为管理者提供便利。Marshall 通过马尔科夫蒙特卡罗(MCMC)结合贝叶斯的方法实现概率预报,与概念性降雨径流模型进行对比说明概率预报的优点。随后 Marshall 又采用 Adaptive Metropolis Algorithm 计算贝叶斯概率预报的后验密度,验证贝叶斯概率预报作为水文预报模型的可行性。Biondi 和 De Luca 等将贝叶斯概率预报系统应用于半干旱地区小流域快速洪水过程预报。Krzysztofowicz 提出了一种精确的概率洪水预报分布与采用递归线性插值的估计贝叶斯概率洪水预报相比较,结果证明估计贝叶斯概率洪水预报因为其合理的精度和简单的过程更有吸引力。Herr 等考虑采用随机集合贝叶斯预报系统降低集合预报的尺度和计算时间。Sharma 从贝叶斯角度替代参数估计,同时与专家分层混合模型进行对比,为分层模型开发提供支持。Sun 采用高斯过程回归,一种更灵活的分层贝叶斯框架方法推测流量的后验分布,实现更精确的月径流预报。Vrugt 集合贝叶斯模型平均和马尔科夫蒙特卡罗方法实现概率预报,与 Expectation-Maximization (EM) 和 DiffeRential Evolution Adaptive Metropolis (DREAM) 进行对比,证明了马尔科夫蒙特卡罗方法能够有效处理预测分布。D'Oria 采用贝叶斯方法估计多河段系统上游无实测资料的入流水位过程线,该方法能够合理预测未知入流对下游水位的影响。Henry 在集合贝叶斯概率预报系统上提出随机集合贝叶斯概率预报系统,一次水文预报可以实现输出多个集合元素,有效地降低了集合天气预报的尺度,使贝叶斯概率预报系统应用于大尺度区域更可行。Cloke 和 Pappenberger 回顾了集合洪水预报的研究,讨论了集合天气预报应用于水文预报的问题,提出集合洪水预报面临的挑战。

通常情况下,贝叶斯概率分布的边缘密度函数假设为正态分布,后来经过亚高斯模型的推广,采用了 Logweibull 分布贝叶斯概率预报的方法。本书引入了非参数贝叶斯概率预报的方法,将非参数贝叶斯概率预报与 Logweibull 分布、P-Ⅲ分布、正态分布、经验分布的贝叶斯概率预报结果进行对比,以选取合适的边缘密度函数,改进贝叶斯概率分布预报的精度。同时,通过对柘溪流域进行贝叶斯概率分布预报的结果对比,选择更有代表意义的贝叶斯预报模型。

1.3.2 区间水文预报研究概况

概率水文预报以置信区间形式进行流量或水位等的定量区间预报,给水文工作者提供了便利,为水库和流域管理者进行水库调度和水量分配提供保障。针对概率水文预报模型的研究,近些年在干旱预测和水资源估计以及研究对于水库调度的影响方面都取得了很大进展。

其中,基于贝叶斯理论的方法在水文领域应用广泛,尤其在概率水文预报领域形成一套理论框架,为概率水文预报提供了精确的理论指导。其具体方法是假设流量或水位分布类型,然后利用正态分位数转换等方法进行似然函数和后验分布的转换,计算流量或水位的后验分布。Sharma 提出了一种季节性到年内的非参数降雨概率水文预报方法来加强水资源供给的管理。Sharma 还尝试从贝叶斯理论的角度进行降雨径流预报,以寻找一种可以代替参数估计、模型对比和分层模型开发的方法。此外,Biondi D 和 ZHANG H 提出了基于贝叶斯实时洪水预报模型。Kim Y-O 等采用贝叶斯随机规划方法进行季节流量预报,预报结果表明该方法具有较高的预报精度。虽然水文专家对贝叶斯概率预报进行了大量的探索,但是贝叶斯预报的计算量大,耗费时间长,给水文预报的时效性造成困难。

此外,专家们在集合水文预报方面也积累了丰富的经验,在一些地区取得了广泛应用,采用集合流量预报的方法能够为水库优化调度提供数据支撑。其中,采用 GLUE 等方法分析水文模型的不确定性应用较为广泛,并且在考虑水文不确定性的基础上开展了概率水文预报方法的探索。Asefa T 采用 GLUE 方法进行水文预报模型多组参数的率定实现集合预报, Zhou R 等采用 GLUE 方法进行多尺度不确定性分析,对抽样方法进行改进。Ye L 将多目标优化算法产生的多组水文预报模型预报结果构成解空间,进行一定置信度的概率水文预报,可以考虑平衡多个水文预报评价指标。赵铜铁钢针对水文预报误差的分布假设进行的概率预报能够定量地进行概率预报,确定在一定置信区间内的预报范围。Ye L 等应用多目标优化算法进行集合预报构造水文模型的预报区间。应用天气预报模式预报降雨,考虑降雨不确定性的集合概率水文预报能够从水文预报的输入因子考虑不确定性,给概率水文预报提供了新的思路。采用大气模式进行降雨预报,再用降雨径流模型进行预报径流实现集合预报,能够更全面系统地考虑降水预报的不确定性。例如,Chen J 等采用结合随机天气生成器和集合天气预报进行短期流量预测。Yu P-S 等应用一种基于季节天气预报的随机方法进行季节性缺水概率预报。另外,采用贝叶斯理论的先验分布、似然函数和后验分布的概念构造的贝叶斯概率预报具有完备的理论基础和系统。

然而,现有假设误差分布的概率预报和集合预报等计算能够产生一定置信度下的概率预报,但是其计算过程复杂,计算效率低下,地理适用性较差。为此,以神经网络方法构造的上、下限区间预报以其计算简单,以数据驱动模型而受到广泛的关注。尽管如此,应用神经网络模型进行区间预报的方法又因黑箱模型的内部结构复杂和优化算法容易陷入局部最优。综合上述现行水文预报方法存在的问题,水文预报方法在预报精度、算法优化、节省运算时间等方面仍有提升的空间。

基于上、下限的 LUBE 方法采用神经网络模型预报流量的上限和下限,基于预报区间包含率和相对宽度的指标,构造一个罚函数的目标函数来反映模型预报的精度,这样可以很大程度地减少计算量,而且有很好的适用性。考虑到具有相同包含率和相对宽度的条件下区间预报的上下限越是对称出现在实测值附近,区间预报的效果越好,Zhang 引入了对称性的指标,预报结果的包含率和相对宽度与上述几种方法相当,但是对称性效果最好。Ye 采用多目标优化构造基于集合预测的预报区间。

上述上、下限的 LUBE 方法都是采用神经网络模型预报上、下限,尽管神经网络模型有较好的预报效果,神经网络模型是一种基于数据驱动的黑箱统计模型,对数据的依赖程度很高,同时神经网络模型的内部神经元结构不能具体呈现,神经网络模型还很容易陷入过拟合状态。PPR 是一种通过投影方向预测模拟,以数学公式反映计算过程的数学模型,被广泛应用于水文频率分析和水文预报中。本书采用 PPR 模型预报上下限区间,采用包含率、区间宽度和对称性联合的指标作为目标函数计算,应用实数编码的 GA 算法优化投影向量和目标参数,实现基于 PPR 的区间概率预报。

因为实测流量数据存在系统误差,通常在预报开始前会将数据进行处理,除了简单便于计算的归一化处理,小波分析是一种专家喜欢的处理噪声方法。Sang Y-F 将改进的小波模型框架用于水文序列模拟,小波分析通过分解和重构将实测数据中的白噪声消除,实现稳定性和准确性的水文预报。本书在实际计算开始前,首先采用香农小波实现两层分解,得到 1 个低频和 3 个高频的时间流量序列,模型计算完成后再对预报数据进行重构,进而实现对实测上下游流量数据的小波消噪。

1.3.3 中长期水文预报方法研究概况

中长期径流预报是指预见期超过流域汇流时间并且通常在3 d至1年的径流预报。准确及时的中长期径流预报，对于争取防汛、抗旱的主动权，制订科学的水资源调度方案，确保水利设施的安全并发挥其经济效益具有重要意义。由于水文受气候气象、下垫面条件、人类活动等诸多因素的影响，流域中长期径流过程通常呈现出一定的随机性和时空不确定性。因此，中长期径流预报精度通常偏低，难以对生产实践进行有效指导，中长期径流预报仍然是自然科学领域的一项研究难题，探索高精度的中长期径流预报具有十分重要的理论与实际意义。

近年来，国内外学者从成因分析、统计分析等研究方法理论出发，在中长期水文预报方面做了大量研究。孙冰心采用数理统计法中的多元线性回归方法预报东宁站年最大流量。吴超羽应用人工神经网络模型进行北江横石水文站的日均和逐时流量预报，预报结果与线性模型的比较表明，人工神经网络模型具有良好的非线性映射能力，拟合高度非线性的水文系统表现出良好的预报效果。丁晶采用人工神经网络模型进行兰州水文站点过渡期月径流的预报，结果表明人工神经网络模型预报过渡期径流是有效的，并且该模型预报效果优于多元回归方法预报结果。屈亚玲、周建中提出一种改进型Elman算法神经网络方法，将该方法应用于风滩水库水文中长期径流预报中，证明了该方法具有较高的预报精度。葛朝霞建立多因子逐步回归周期分析模型，进行长江宜昌站年径流的中长期水文预报，该方法不仅能够延长预见期，同时可以挑选出重要的预报因子进行高精度的预报。支持向量机算法有可靠的全局最优性和良好的泛化能力，张俊等提出一种基于蚁群算法的支持向量机中长期水文预报模型，将其应用于福建安砂水库的月径流预报，将模型预报结果与滑动自平均模型、人工神经网络模型进行对比，支持向量机表现出较好的预报效果。基于灰色系统理论和周期分析方法，雷杰建立了灰色-周期外延组合预报模型，并采用回归模型对误差序列进行了校正，结果表明改进的模型能够更好利用实测系列信息，具有较高的预报精度。空间局域模型对揭示复杂水文动力系统的非线性结构具有很好的效果，基于相空间重构技术和局域相似原理，张利平建立了单点、多点、线性和三参数模型4种相空间模型，对白山水库月尺度和主汛期的径流量进行模拟预报。

基于统计理论的中长期水文预报模型，对模型输入因子具有很强的依赖性，因此选择关键精确的输入因子是中长期径流预报的重要研究内容之一，对径流预报精度具有决定意义。通常输入因子的选择主要考虑前期降水和径流，后来又添加包括海面温度、大气环流因子等影响水文要素的气候因子。输入因子的选择方法也成为中长期水文预报的研究方向之一。依据水文成因、统计与模糊集分析相结合的研究方法论，陈守煜提出了考虑预报因子权重的中长期水文预报方法。宋荷花应用成因分析、统计分析、模糊分析相结合的方法选取预报因子，采用模糊模式识别、人工神经网络、多元混合回归模型对湘江流域进行年最大洪峰流量及逐月流量的中长期预报。针对多因素中长期预报中预报因子的选择问题，朱永英提出一种利用粗集理论的属性重要性概念对预报因子进行优化和选择的方法，并结合预报因子与预报对象的相关性分析，对历史数据进行分析约简确定模糊推理的最小决策规则集，建立模糊推理中长期预报模型。谢敏萍采用灰色系统理论中的关联分析方法，通过分析和比较影响径流的各个因素，进而挑选出影响径流的主要因子，并且建立径流与主要影响因子之间的多元线性回归预测模型进行中长期径流预报。通过对气象因子与径流的关联性进行空间上的变异分析，张利平采用R型主成分分析对气象因子进行重新组合，计算各个新因子的得分，然后挑选出影响径流量的主因子，采用聚类分析方法进行径流量的定性预报。李薇选择降雨和流量数据经主成分分析处理后，分别作为多元线性回归模型、BP神经网络模型、Elman神经网络模型的训练样本，进行柘溪断面的中长期水文预报。曹永强采用主成分分析方法提取影响径流变化的综合因子，通过Logistic方程对综合因子进行拟合，最后采用多元线性回归方法建立中长期径流预报模型进行水库径流预报。结合物理成因分析方法和数理统计法，初步选取10个大伙房年径流的影响因子，游海林采用主成分分析方法对初选的影响因子进行筛选，取得新的5个综合因子，运用SPSS统计分析软件中的 logistic 曲线对综合因子进行拟合，并建立多元线性回归预报模型进行中长期径流预报。

由于水文过程是随机过程，且水文要素和其影响因子存在不确定性和随机性，因此对于中长期水文预报模型的不确定分析和中长期概率水文预报的研究具有实际意义。为提高水文预报的精度，并且突破传统确定性中长期预报方法在信息利用和样本学习方面的局限性，在以上确定性中长期水文预报模型的基础上，学者开展了中长期概率水文预报研究。考虑水文不确定性因素的影响等问题，桑燕芳将小波分析（WA）、人工神经网络（ANN）和水文频率分析法联合使用，建立了不确定性中长期水文预报模型。冯小冲等通过分析降雨径流中长期预报结果中的不确定性，建立了贝叶斯概率预报模型进行中长期概率水文预报。结合实时气象信息和历史水文资料，张铭采用气象因子灰色关联预报模型处理输入因子的不确定度，并应用贝叶斯理论建立中长期径流概率预报模型，以概率分布的形式实现水文预报的不确定性定量描述，探索概率水文预报理论在中长期水文预报中的应用价值。

第 2 章　基于新安江模型的柘溪流域水文预报

2.1　柘溪流域概况

柘溪水库位于湖南省中部资水流域的中游，距离湖南省安化县东平镇 12.5 km，水库控制流域面积 22 640 km^2，流域位于北纬 25°36′~28°42′，东经 110°12′~112°30′，流域年平均降雨量约 1 400 mm。柘溪流域受东亚季风气候影响，属于亚热带暖湿气候，流域夏季炎热多雨，冬季则寒冷干燥，且降雨主要集中在 4~6 月，大多数雨季结束于 6 月下旬至 7 月上旬。柘溪水库多年平均入库流量 586 m^3/s，正常蓄水位为 169.5 m，相应库容库为 30.2 亿 m^3，调节库容为 22.58 亿 m^3，死水位为 144 m，死库容为 7.62 亿 m^3。

根据现有水文测站分布情况及整体流域特征，将柘溪流域分为六个子流域，分别为黄桥子流域、黄桥—隆回区间、新宁子流域、新宁—隆回—罗家庙区间、罗家庙—筱溪入库、筱溪出库—柘溪区间。研究过程中发现，首先，将筱溪出库—柘溪区间作为一个分区不尽合理，这是由于柘溪库区面积较大，用一个分区求面平均降水使降雨强度减小了，对预报流量峰值和峰形影响较大；其次，用一个分区无法确定暴雨中心，因此对入库流量峰现时间预报有较大影响；再次，库区降雨站点布设较多，划分成两个分区是可行的。因此，在筱溪出库到柘溪区间，又增加了坪口作为一个预报断面，从而提高了柘溪断面的洪水预报精度。将整个流域按照 DEM 数据分成七个流域单元，对每个流域单元做产汇流计算，以柘溪流域主要控制站点为节点，划分柘溪上游流域，子流域划分结果如图 2-1 所示。

柘溪流域子流域面积及控制面积内降雨站点权重如表 2-1 所示。

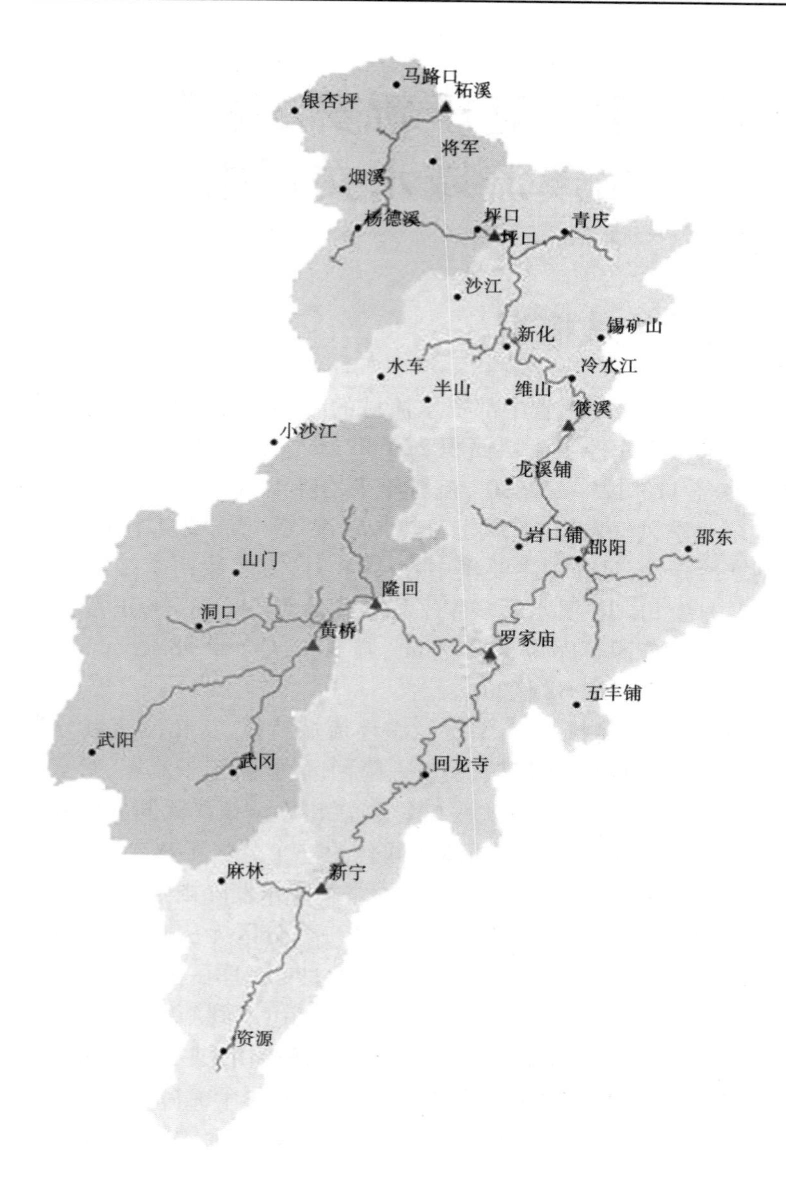

图 2-1　柘溪流域子流域划分结果

表 2-1　柘溪子流域控制面积及权重

子流域	子流域控制面积（km^2）	雨量站	雨量站控制面积（km^2）	权重
黄桥	2 562.95	武阳	806.11	0.31
		武冈	979.45	0.38
		黄桥	273.16	0.11
		麻林	240.77	0.09
		洞口	263.46	0.10
黄桥—隆回	3 300.22	山门	914.53	0.28
		洞口	856.91	0.26
		黄桥	255.07	0.08
		隆回	518.05	0.16
		小沙江	516.28	0.16
		岩口铺	13.64	0
		武阳	12.55	0
		水车	50.61	0.02
		半山	136.30	0.04
新宁	2 375.71	资源	1 082.42	0.46
		麻林	671.71	0.28
		新宁	593.77	0.25
		武冈	27.80	0.01

续表 2-1

子流域	子流域控制面积（km^2）	雨量站	雨量站控制面积（km^2）	权重
新宁—隆回—罗家庙	3 253.60	新宁	395.67	0.12
		回龙寺	1 237.21	0.38
		罗家庙	593.60	0.18
		黄桥	312.52	0.10
		隆回	434.96	0.13
		岩口铺	66.92	0.02
		五丰铺	59.47	0.02
		武冈	153.23	0.05
罗家庙—筱溪	4 061.15	罗家庙	260.99	0.06
		邵阳	741.68	0.18
		邵东	1 177.30	0.29
		龙溪铺	689.49	0.17
		五丰铺	498.50	0.12
		岩口铺	466.72	0.11
		冷水江	36.54	0.01
		隆回	43.28	0.01
		半山	118.99	0.03
		维山	27.67	0.01

续表 2-1

子流域	子流域控制面积 (km²)	雨量站	雨量站控制面积 (km²)	权重
筱溪—坪口	3 691.76	水车	370.05	0.10
		锡矿山	419.47	0.11
		吉庆	812.17	0.22
		沙江	391.46	0.11
		半山	318.98	0.09
		新化	364.96	0.10
		冷水江	383.19	0.10
		维山	308.64	0.08
		坪口	208.81	0.06
		小沙江	37.66	0.01
		龙溪铺	68.54	0.02
		将军	7.82	0
坪口—柘溪	2 587.84	杨德溪	565.43	0.22
		马路口	300.20	0.12
		烟溪	264.85	0.10
		坪口	268.25	0.10
		沙江	139.93	0.05
		柘溪	114.49	0.04
		银杏坪	226.29	0.09
		将军	434.59	0.17
		水车	273.80	0.11
共计	21 833.23			

柘溪流域洪水预报的整个体系计算流程如图 2-2 所示。

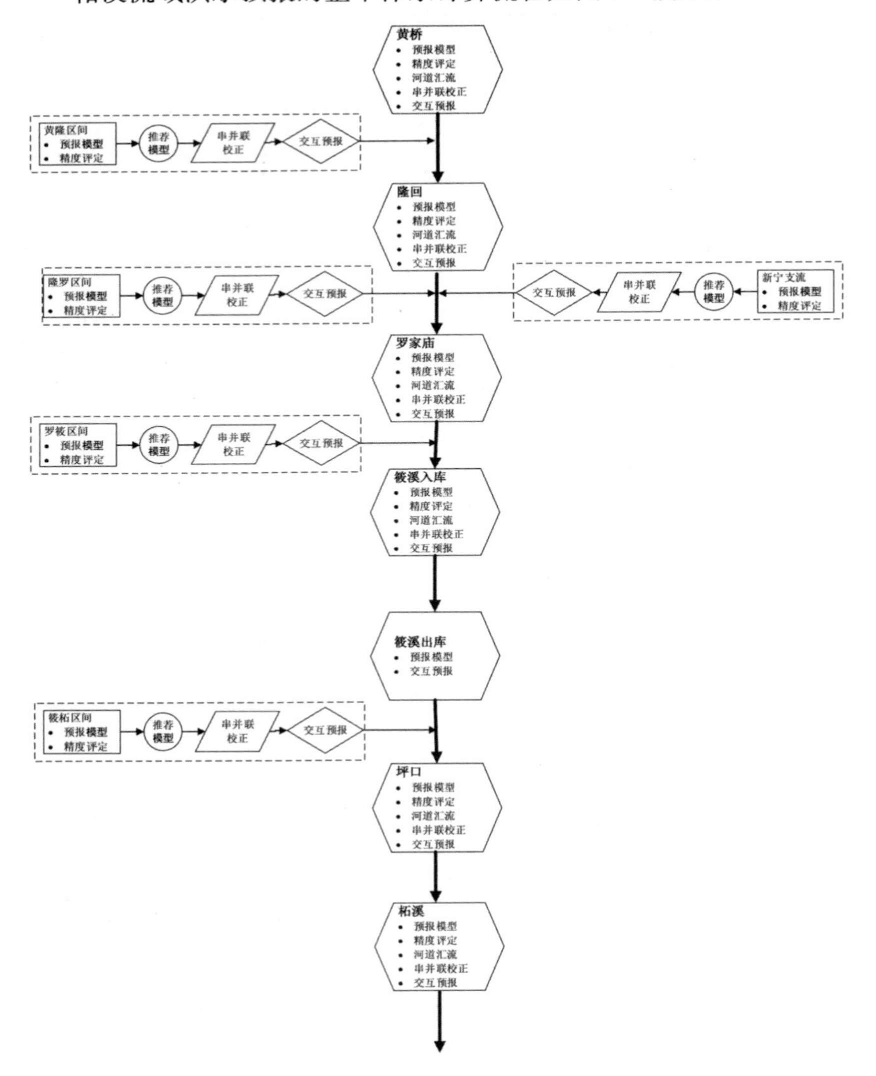

图 2-2　柘溪流域洪水预报的整个体系计算计算流程

2.2　新安江模型

新安江模型作为中国广泛运用的概念性产流预报模型，是由河海大学的赵人俊教授在 1963 年提出的水文预报模型。新安江模型采用流域蓄满产流的模式计算径流产流，其主要应用范围为湿润和半湿润地区。目前应用的三水源新安江模型即地表径流、壤中流和地下径流，是在原新安江模型基础上进行的改进模型，本书采用这种三水源的方式预报产流。流域水文预报因为流域覆盖面积大，因此各地区降雨量和下垫面条件等均有较大不同，所以流域产汇流预报模型采用国际通用的马斯京根演算法。

2.2.1　模型概述

新安江模型是一个典型的概念性水文预报模型，在我国湿润和半湿润地区得到了广泛的应用。新安江模型的一个重要特点是三分，即分单元、分水源、分阶段。为了考虑降雨分布的不均匀性，把较大的预报流域划分成为许多小的单元，同时兼顾下垫面条件的不同及变化。分水源即根据汇流速度将产流划分为三种水源，即地表径流、壤中流和地下径流，其中地表径流汇流最快，壤中流汇流次之，地下径流汇流最慢；分阶段即指根据汇流特点将汇流过程分为坡面汇流阶段和河网汇流阶段，在坡地各种水源因下垫面情况等汇流速度各不相同，而在河网汇流速度差别较小。

新安江模型主要由四部分组成，其结构如图 2-3 所示。

(1)蒸散发计算，依据蒸散发速度分为上层、下层和深层。

(2)产流计算，采用蓄满产流概念，因此具有典型的湿润流域特性。

(3)水源划分，采用自由水蓄水库进行水源划分，水源分为地表径流、壤中流和地下径流。

(4)汇流计算，汇流分为坡面汇流和河网汇流两个阶段。依据线性水库原理计算河网总入流；采用马斯京根法计算河道汇流。

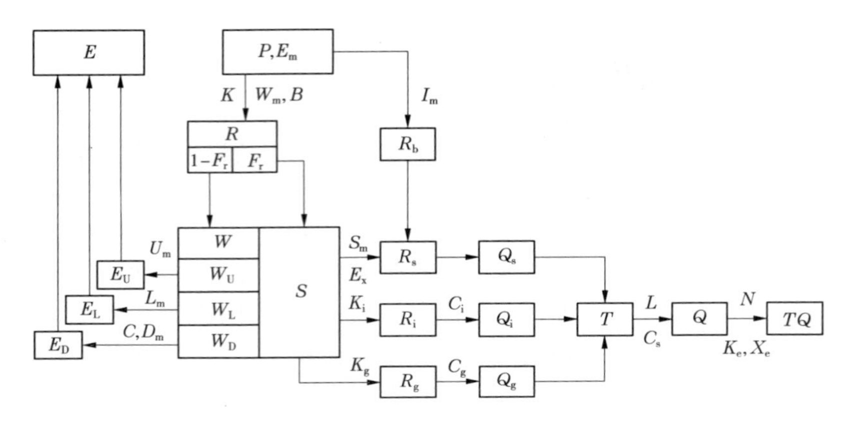

图 2-3 新安江模型结构

新安江三水源模型参数如表 2-2 所示。

表 2-2 新安江三水源模型参数

参数	物理意义	取值范围
U_m	上层张力水容量	5~30 mm
L_m	下层张力水容量	60~90 mm
D_m	深层张力水容量	15~60 mm
B	张力水蓄水容量曲线方次	0.1~0.4
I_m	流域不透水面积比例	0~0.03
K	蒸发能力折算系数	0.5~1.1
C	深层蒸散发系数	0.08~0.18
S_m	自由水蓄水容量	10~50 mm
E_x	自由水蓄水容量曲线方次	0.5~2.0
K_i	自由水蓄水水库对壤中流的出流系数	0.35~0.45
K_g	自由水蓄水水库对地下水的出流系数	0.25~0.35
C_i	壤中流的消退系数	0.5~0.9
C_g	地下水库的消退系数	0.99~0.998
C_s	河网蓄水量的消退系数	0.01~0.5
K_e	马斯京根法参数	0~1
X_e	马斯京根法参数	0~0.5

2.2.2　马斯京根汇流方法

马斯京根法作为河道洪水预报的方法在水文工程中应用广泛，应用马斯京根法，需依据河道上、下断面实测的流量资料进行马斯京根法的模型参数 K、x 推算，推求的马斯京根洪水演算简化公式为

$$O_2 = C_0 I_2 + C_1 I_1 + C_2 O_1 \tag{2-1}$$

$$C_0 = (1/2\Delta t - Kx)/K - Kx + 1/2\Delta t \tag{2-2}$$

$$C_1 = (1/2\Delta t + Kx)/K - Kx + 1/2\Delta t \tag{2-3}$$

$$C_2 = (K - Kx - 1/2\Delta t)/K - Kx + 1/2\Delta t \tag{2-4}$$

$$C_0 + C_1 + C_2 = 1 \tag{2-5}$$

式中：O 为河段下断面出流量；I 为河段上断面入流量；下标 1、2 分别表示时段初、末时刻；K 为具有时间因次的槽蓄系数，是线性槽蓄关系的斜率；x 为反映楔蓄大小的流量比重因子，且 $0 \leqslant x \leqslant 0.5$；$C_0$、$C_1$、$C_2$是马斯京根法参数 K 和 x 的函数，并且三者之和为 1。

2.2.3　混合复形进化(SCE-UA)算法参数率定

SCE-UA 算法是 Duan 等于 1992 年在率定降雨径流模型参数时提出的一种高效进化算法，该算法在单纯形算法基础上，综合了全局搜索(生物竞争进化)和局部搜索(单纯型法)的相关特性，全局寻优能力较强。SCE-UA 算法一经提出即在水文模型参数率定领域得到广泛的验证与使用。在对比多种优化算法率定水文模型参数效果的基础上，Kuczera 研究发现遗传算法在接近最优解区域时优化性能较弱，最终未能搜寻到最优解，SCE-UA 算法的整体性能均优于其他几种优化算法。

SCE-UA 算法首先在可行域中随机初始化种群大小的个体数，并将种群中的个体按照目标函数升序排序，然后将种群划分为多个复形，每个复形中的个体数目相同，接着对每个复形独立演算进化，随后将所有复形中的个体重新形成新的种群，并判断是否满足收敛条件，若满足则算法停止，反之则继续演算。SCE-UA 算法步骤如下：

Step 1. 设置 SCE-UA 优化算法的参数，包括复形的个数 q；每个复形内个体数目 m；种群规模 $s=qm$；复形混合前的进化代数 ss；种群最大

进化代数 max。

Step 2. 在可行空间内，随机产生个体个数为 s 的初始种群，并计算相应于每个个体的目标函数值。

Step 3. 按照目标函数值升序排列种群中的个体，并存入数组 $P=\{P_1,P_2,\cdots,P_s\}$，则目标函数值最小的个体放在集合的第一个。

Step 4. 将集合 P 均分到 q 个复形，$C^1,C^2,\cdots,C^q$，每个复形包含 m 个个体，第一个复形包含 P 中序号为 $q(j-1)+1$ 的个体，第二个复形包含 P 中序号为 $q(j-1)+2$ 的个体，其他复形类似，其中 $j=1,2,\cdots,m$。

Step 5. 根据 CCE（Competitive Complex Evolution）准则将每个复形独立地进化 ss 次。为节省文章篇幅，CCE 准则在此不做介绍，文献[62]详细描述了 CCE 准则的原理和计算步骤。

Step 6. 取出 q 个复形中所有个体形成新的种群，并再次以目标函数值升序排列种群存入数组 P。

Step 7. 判断进化代数是否达到最大，若是，进行下一步；若否，则跳转到 Step 4。

Step 8. 输出计算结果，进化结束。

2.3　应用新安江模型的柘溪流域水文预报

柘溪流域洪水预报的整个体系计算流程如图 2-4 所示。

2.3.1　预报结果精度评定[1]

为了评价所建立的短期水文模型的预报效果，结合短期流预报特点，参考《水文情报预报规范》（SL 250—2000），利用洪量合格率、确定性系数、均方根误差、洪峰相对误差、洪量系数等指标来判断短期径流预报结果好坏。各指标的定义如下：

[1] 参考华中科技大学《柘溪水库流域径流预报》项目报告。

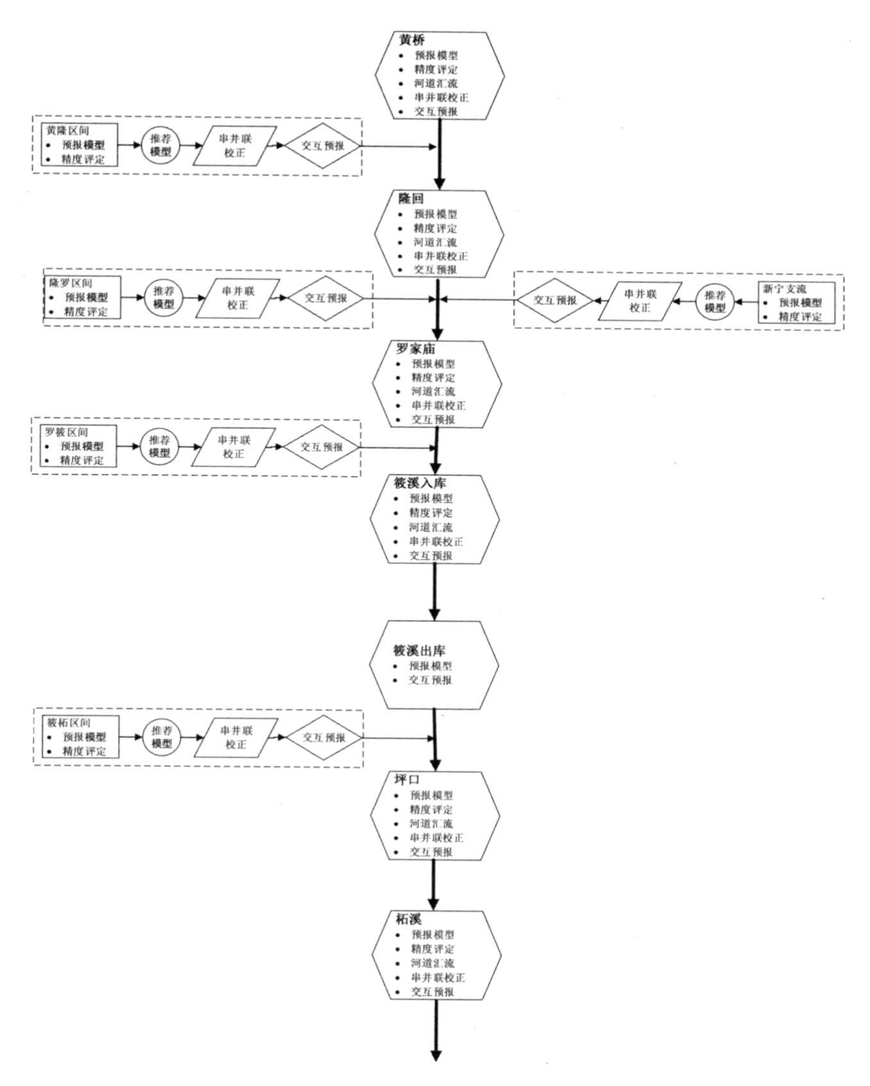

图 2-4　柘溪流域洪水预报的整个体系计算流程

(1)确定性系数(DC)。

$$DC = 1 - \left[\sum_{i=1}^{n} (Q_i - \hat{Q}_i)^2 \right] / \sum_{i=1}^{n} (Q_i - \bar{Q}_i)^2 \tag{2-6}$$

式中：Q_i 为实测值；$\hat{Q}_i$ 为预报值；n 为预报序列长度；$\bar{Q}_i$ 为实测值在预报序列长度内的平均值。

DC 反映了洪水预报过程与实测过程之间的吻合程度，DC 值越高，吻合程度越高。

（2）洪量合格率（QR）。

$$QR = \frac{M}{N} \times 100\% \tag{2-7}$$

式中：M 为洪量合格（预报洪量与实测洪量相对误差在±20%之间为合格）的场次洪水数；N 为场次洪水总数。

（3）均方根误差（$RMSE$）。

$$RMSE = \sqrt{\frac{1}{n} \sum_{i=1}^{n} (Q_i - \hat{Q}_i)^2} \tag{2-8}$$

（4）洪量系数（QC）。

$$QC = \left| \sum_{i=1}^{n} (Q_i - \hat{Q}_i) \right| / \left(\sum_{i=1}^{n} Q_i \right) \tag{2-9}$$

（5）相对误差（RE）。

$$RE = \frac{1}{n} \sum_{i=1}^{n} \left[(Q_i - \hat{Q}_i) / Q_i \right]^2 \tag{2-10}$$

2.3.2 确定性水文预报结果

选取筱溪—柘溪区间 2004~2014 年降雨、径流资料用于参数率定，洪水的选取按照具有明显的洪水过程这一原则进行，为了达到较好的预报精度，本书尽可能选取多的场次洪水进行模拟和预报，包括大、中、小型洪水。表 2-3 是率定期和检验期各场次的洪水起始时间、洪水历时、洪峰流量。从表 2-3 中可以看出，洪水大多发生在汛期的 4~7 月，仅有 2 场洪水发生在 3 月，3 场洪水发生在 8 月。30 年中，最大洪峰流量为发生在 2010 年 6 月 23 日 9 时和 2014 年 7 月 12 日 13 时的 9 173.75 m^3/s，最小洪峰流量是 2010 年 7 月 11 日 13 时的 1 783.5 m^3/s。

表 2-3　率定期和检验期的 49 场洪水起始时间、历时和洪峰流量

洪号	率定期			检验期		
	起始时间（年-月-日 T时）	历时（h）	实测洪峰流量（m^3/s）	起始时间（年-月-日 T时）	历时（h）	实测洪峰流量（m^3/s）
1	2004-05-11 T06	305	5 232.78	2004-04-30 T06	109	2 009.70
2	2004-07-08 T03	169	3 972.79	2005-05-05 T02	72	2 545.88
3	2004-07-17 T12	194	6 927.92	2006-03-22 T07	135	2 141.0
4	2005-02-11 T04	298	4 735.06	2006-04-09 T03	44	2 995.15
5	2005-05-11 T07	138	6 100.96	2006-06-05 T16	126	3 480.30
6	2005-06-04 T15	117	5 483.70	2006-06-23 T15	43	2 089.32
7	2005-06-26 T03	106	4 948.37	2007-04-21 T05	124	2 011.07
8	2006-04-11 T18	48	6 364.27	2007-07-11 T04	136	2 078.61
9	2006-06-03 T01	212	3 480.30	2008-05-26 T07	114	2 806.35
10	2007-06-06 T10	318	6 222.45	2008-06-22 T07	108	2 047.05
11	2007-08-21 T21	77	4 593.68	2008-08-15 T11	153	3 080.32
12	2009-07-25 T03	165	4 619.13	2010-04-21 T09	90	3 278.95
13	2010-05-12 T10	73	7 206.82	2010-05-18 T04	93	2 850.92
14	2010-06-08 T03	59	6 678.16	2010-07-11 T13	93	1 783.50
15	2010-06-19 T06	57	7 331.16	2012-03-28 T16	156	2 026.88
16	2010-06-23 T09	107	9 173.75	2012-05-20 T13	237	3 326.60
17	2011-05-10 T17	163	3 394.46	2012-06-03 T02	124	2 779.37

续表 2-3

洪号	率定期			检验期		
	起始时间（年-月-日 T时）	历时（h）	实测洪峰流量（m^3/s）	起始时间（年-月-日 T时）	历时（h）	实测洪峰流量（m^3/s）
18	2011-06-02 T04	171	4 935.15	2012-06-25 T11	167	2 736.46
19	2011-06-09 T11	292	7 264.33	2013-04-04 T10	8 868	4 654.04
20	2012-05-08 T17	122	5 360.06	2014-06-01 T18	139	3 743.80
21	2012-06-10 T20	80	4 013.71	2014-08-17 T16	120	3 324.35
22	2012-07-15 T18	104	6 667.75			
23	2013-04-29 T08	88	3 501.31			
24	2013-06-23 T13	257	3 409.64			
25	2014-05-25 T02	63	5 236.95			
26	2014-06-18 T20	182	7 447.90			
27	2014-06-29 T04	208	4 061.52			
28	2014-07-12 T13	248	9 114.51			

由于坪口—柘溪区间临近库区，在降雨发生时易快速形成尖瘦型洪水，因此将筱溪—柘溪区间分为筱溪—坪口和坪口—柘溪两部分进行降雨产流计算。经评定，筱溪—柘溪区间新安江模型率定期洪量合格率为100%，确定性系数达到0.92，综合评定等级为甲等。采用率定期建立的洪水预报方案，对检验期进行预报精度检验，其检验洪量合格率为82.6%，确定性系数为0.86，综合评定等级为乙等，可用于作业预报。预报结果统计如表2-4所示。

表 2-4　筱溪—柘溪区间新安江模型洪水预报结果

时期	洪号	洪量系数	确定性系数	均方根误差（m^3/s）	实测洪峰（m^3/s）	预测洪峰（m^3/s）	相对误差
率定期	1	1.00	0.92	337.93	5 232.78	4 465.44	0.15
	2	1.01	0.90	300.15	3 972.79	3 316.17	0.17
	3	0.92	0.90	486.51	6 927.92	5 521.26	0.20
	4	0.97	0.95	230.54	4 735.06	3 834.10	0.19
	5	1.01	0.94	307.95	6 100.96	6 079.12	0
	6	0.95	0.93	396.52	5 483.70	4 721.45	0.14
	7	1.09	0.81	610.51	4 948.37	4 680.61	0.05
	8	0.97	0.83	621.19	6 364.27	6 080.93	0.04
	9	1.10	0.84	371.47	3 480.30	3 042.21	0.13
	10	1.10	0.79	682.43	6 222.45	6 124.03	0.02
	11	1.04	0.95	285.10	4 593.68	4 592.89	0
	12	1.10	0.73	500.86	4 619.13	4 682.03	0.01
	13	1.02	0.91	662.40	7 206.82	7 147.34	0.01
	14	1.10	0.87	713.99	6 678.16	6 765.98	0.01
	15	0.95	0.88	617.89	7 331.16	8 111.98	0.11
	16	0.96	0.83	1 003.94	9 173.75	9 150.87	0
	17	0.86	0.85	326.75	3 394.46	2 699.54	0.20
	18	1.18	0.91	401.37	4 935.15	4 590.82	0.07
	19	0.99	0.92	463.19	7 264.33	7 304.73	0.01
	20	1.20	0.77	700.68	5 360.06	6 729.90	0.26
	21	0.99	0.62	558.90	4 013.71	4 279.89	0.07
	22	1.09	0.94	440.79	6 667.75	7 309.71	0.10
	23	1.09	0.74	353.86	3 501.31	3 326.76	0.05
	24	1.09	0.85	351.97	3 409.64	3 762.58	0.10
	25	0.92	0.48	804.54	5 236.95	5 092.98	0.03
	26	0.96	0.92	573.55	7 447.90	5 944.31	0.20
	27	0.88	0.82	340.20	4 061.52	2 793.43	0.31
	28	1.00	0.97	375.89	9 114.51	8 211.25	0.10

续表 2-4

时期	洪号	洪量系数	确定性系数	均方根误差（m^3/s）	实测洪峰（m^3/s）	预测洪峰（m^3/s）	相对误差
检验期	1	0.98	0.83	148.11	2 009.70	1 824.28	0.09
	2	0.97	0.85	261.79	2 545.88	2 017.73	0.21
	3	0.99	0.90	127.14	2 141.00	2 087.47	0.03
	4	0.96	0.78	263.05	2 995.15	2 934.30	0.02
	5	1.02	0.78	381.01	3 480.30	3 048.21	0.12
	6	1.18	0.68	296.73	2 089.32	1 956.40	0.06
	7	0.88	0.75	187.51	2 011.07	1 759.22	0.13
	8	0.94	0.73	251.76	2 078.61	1 774.44	0.15
	9	0.94	0.83	246.16	2 806.35	2 737.84	0.02
	10	1.22	0.51	267.24	2 047.05	2 436.84	0.19
	11	0.88	0.80	283.80	3 080.32	2 600.95	0.16
	12	0.90	0.84	265.24	3 278.95	3 185.73	0.03
	13	1.05	0.81	273.76	2 850.92	3 632.78	0.27
	14	0.76	0.51	304.87	1 783.50	1 444.49	0.19
	15	0.93	0.73	278.06	2 026.88	2 182.42	0.08
	16	1.06	0.84	352.30	3 326.60	2 886.41	0.13
	17	0.96	0.87	182.95	2 779.37	2 563.86	0.08
	18	0.99	0.58	400.76	2 736.46	3 343.90	0.22
	19	1.00	0.87	204.90	4 654.04	4 866.31	0.05
	20	1.00	0.87	222.67	3 743.80	3 643.34	0.03
	21	1.05	0.88	278.48	3 324.35	3 282.89	0.01

第 3 章　流域贝叶斯概率水文预报

3.1　贝叶斯概率水文预报模型

水文不确定性处理器是由 Roman krzysztofowicz 在 1999 年提出的，它作为贝叶斯概率预报系统的重要组成部分，是在假设降雨确定的情况下，通过对确定性水文预报模型预报结果进行贝叶斯分析计算，以概率预报的形式展示水文预报值。HUP 假设贝叶斯的先验分布和似然函数是满足正态和线性的条件，通过正态分位数转换（NQT）将概率密度函数扩展到非正态分布，采用 Logweibull 分布作为亚高斯模型的示例应用到 HUP 中。张洪刚将静态序列自回归模型和非线性扰动模型加入到 HUP 以弥补先验分布和似然函数线性假设的不足。

HUP 是通过贝叶斯理论应用先验分布和似然函数求得后验分布的一种方法，后验密度函数的表达式如下：

$$\phi(h \mid s,h_0,y)=\frac{g(h \mid h_0)f(s \mid h,y)}{\kappa(s \mid h_0,y)} \tag{3-1}$$

式中：$\phi(h|s,h_0,y)$ 为后验密度函数；$g(h|h_0)$ 为先验密度函数；$f(s|h,y)$ 为似然函数；$\kappa(s|h_0,y)$ 为在已知观测值和状态时水文模型输出的密度函数，按照全概率公式的定义可以用如下公式表示：

$$\kappa(s \mid h_0,y)=\int_{-\infty}^{\infty}f(s \mid h,y)g(h \mid h_0)\mathrm{d}h \tag{3-2}$$

式中：s 为确定性水文模型的输出；h 为贝叶斯预报值；h_0 为初始值，可以视为预报初始时刻的观测值。

在亚高斯 HUP 中，将实测值和确定性预报值经过正态分位数转换后的变量假定为服从线性分布。

$$w_k = cw_{k-1} + \Theta \tag{3-3}$$

$$x_k = a_k w_k + d_k w_0 + b_k + \Xi \tag{3-4}$$

式中：$\Theta \sim N(1-c^2)$，$\Xi \sim N(0,\delta_k^2)$，是经过正态转换的变量值；c 为两变量的相关系数。

先验分布和后验分布的表示形式如下：

$$g_k(h_k \mid h_0) = \frac{\gamma(h_k)}{(1-c^{2k})^{1/2} q(Q^{-1}(\Gamma(h_k)))} q\left(\frac{Q^{-1}(\Gamma(h_k)) - c^k Q^{-1}(\Gamma(h_0))}{(1-c^{2k})^{1/2}}\right) \tag{3-5}$$

$$\phi_k(h_k \mid s_k, h_0) = \frac{\gamma(h_k)}{T_k q(Q^{-1}(\Gamma(h_k)))} q\left(\frac{Q^{-1}(\Gamma(h_k)) - A_k Q^{-1}(\overline{\Lambda}(s_k)) - D_k Q^{-1}(\Gamma(h_0)) - B_k}{T_k}\right) \tag{3-6}$$

式中：$\Gamma(h_0)$ 为先验分布；$\Gamma(h_k)$ 为边缘分布函数；$\gamma(h_k)$ 为边缘分布的密度函数；$\overline{\Lambda}(s_k)$ 为似然函数的边缘期望分布；$Q^{-1}(\Gamma(\cdot))$ 为正态分位数转换；A、B、D、T 为参数，$A_k = \dfrac{a_k t_k^2}{a_k t_k^2+\delta_k^2}$，$B_k = \dfrac{-a_k b_k t_k^2}{a_k t_k^2+\delta_k^2}$，$D_k = \dfrac{c^k \delta_k^2 - a_k d_k t_k^2}{a_k t_k^2+\delta_k^2}$，$T_k = \dfrac{t_k^2 \delta_k^2}{a_k t_k^2+\delta_k^2}$。

正态分位数转换是标准正态分布的反函数，假设原变量累积概率是已知的，将其转换为标准正态分布的相应变量。正态分位数转换步骤参照文献，Bogner 用两种外延的方法，洪峰超越阈值和非参数回归的广义自适应模型（POT 和 GAM）处理预报值超出样本数据的范围时预报不准确的问题。

本书在已有水文不确定处理器的研究成果上引入非参数核密度进行假设分布的估计，并与水文学计算中常用的 P-Ⅲ分布、正态分布、经验分布及 Logweibull 分布分别作为贝叶斯水文不确定处理器的假设分布，通过对比分析各分布类型的贝叶斯模型预报结果，以确定分布类型对于贝叶斯概率水文预报的影响，同时选取计算效果最好的分布类型进行贝叶斯概率预报。本书采用应用广泛的遗传算法率定贝叶斯分布的参数（见图 3-1），计算过程如下：

（1）以实测流量作为输入，初始化先验分布参数，经遗传算法的交叉、变异、选择优化过程，达到目标函数允许的最小误差或者达到计算次数时，先验分布参数优化计算完成，跳出循环进入下一步似然函数计算过程。否则,循环遗传算法进化过程。

(2)以实测流量和新安江预报结果作为输入,初始化似然函数参数,经遗传算法的交叉、变异、选择优化过程,达到目标函数允许的最小误差或者达到计算次数时,似然函数参数优化计算完成,跳出循环进入下一步后验分布计算过程。否则,循环遗传算法进化过程。

(3)以实测流量和新安江预报结果作为输入,初始化原始空间的线性参数,经遗传算法的交叉、变异、选择优化过程,达到目标函数允许的最小误差或者达到计算次数时,原始空间线性参数优化计算完成,跳出循环进行正态转换得到转换空间参数,进入下一步后验分布计算过程。否则,循环遗传算法进化过程。

(4)根据前三步计算出的先验分布、似然函数和转换空间对应的参数计算后验分布。

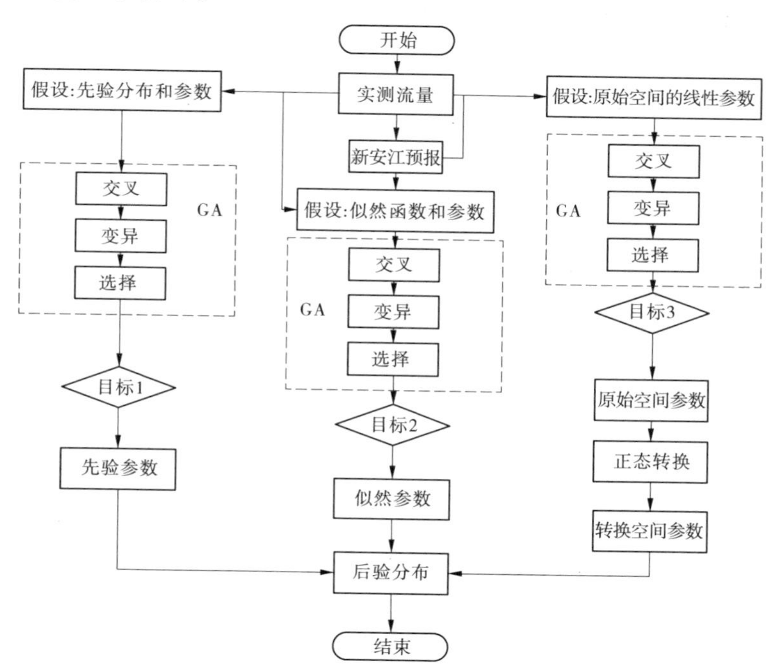

图3-1　采用遗传算法计算贝叶斯分布的流程

3.2　五种不同分布类型

通常采用贝叶斯概率预报系统中先验分布和似然函数的分布形式假设为正态分布或 Logweibull 分布,但是假设的贝叶斯分布类型不是唯一确定的,书中采用非参数核密度估计分布,并与水文学计算中常用的 P-Ⅲ分布、正态分布、经验分布及 Logweibull 分布分别作为贝叶斯水文不确定处理器的假设分布,通过对比分析各分布类型的贝叶斯模型预报结果,以选择一种更为通用的边缘分布函数。

3.2.1　正态分布

如果连续随机变量 X 的概率密度为

$$f(x) = \frac{1}{\sqrt{2\pi}\sigma} e^{-\frac{(x-\mu)^2}{2\sigma^2}} \quad (-\infty < x < +\infty) \tag{3-7}$$

则称随机变量 X 服从正态分布,记作 $X \sim N(\mu, \sigma^2)$,其中 $\mu, \sigma(\sigma>0)$ 是正态分布的参数。正态分布也称为高斯(Gauss)分布。

3.2.2　P-Ⅲ分布

P-Ⅲ型曲线是一条一端有限、一端无限的不对称单峰、正偏曲线,数学上常称伽马分布,其概率密度函数为

$$f(x) = \frac{\beta^\alpha}{\tau(\alpha)} (x - a_0)^{\alpha-1} e^{-\beta(x-a_0)} \tag{3-8}$$

式中:$\tau(\alpha)$ 为 α 的伽马函数;α、β、a_0 分别为 P-Ⅲ型分布的形状、尺度和位置参数,且 $\alpha>0$,$\beta>0$。

α、β、a_0 与总体 3 个参数 x、C_v、C_s 具有如下关系:

$$\alpha = \frac{4}{C_s^2} \tag{3-9}$$

$$\beta = \frac{2}{xC_vC_s} \tag{3-10}$$

$$a_0 = x(1 - \frac{2C_v}{C_s}) \tag{3-11}$$

3.2.3 经验分布

设 $x_1, x_2, \cdots, x_n$ 是总体(离散型或连续型,分布函数 $F(x)$ 未知)的 n 个独立观测值,按大小顺序可排成 $x_1^* \leqslant x_2^* \leqslant \cdots \leqslant x_n^*$。若 $x_k^* < x < x_{(k+1)}^*$,则不超过 x 的观测值的频率为函数,就等于在 n 次重复独立试验中事件$\{\leqslant x\}$的频率。其中,x_k^* 样本按照升序方式排列的第 k 个样本值,通常称此函数 $F_n(x)$ 为总体的经验分布函数或样本分布函数。

3.2.4 Logweibull 分布

Logweibull 分布是 Krzysztofowicz 在构造亚高斯贝叶斯预报系统时假设的一种分布,其密度函数和分布函数如下:

$$f(h_k) = \frac{\beta}{\alpha(h_k - \zeta + 1)}\left[\frac{\ln(h_k - \zeta + 1)}{\alpha}\right]^{\beta-1} \cdot \exp\left\{-\left[\frac{\ln(h_k - \zeta + 1)}{\alpha}\right]^{\beta}\right\} \tag{3-12}$$

$$F(h_k) = 1 - \exp\left\{-\left[\frac{\ln(h_k - \zeta + 1)}{\alpha}\right]^{\beta}\right\} \tag{3-13}$$

式中:α、β 和 ζ 为 Logweibull 分布的参数;h_k 为 k 时刻的实测流量。

3.2.5 非参数分布

许多非参数方法被用作概率分布估计,如直方图、平均转换直方图、频率多边形、最近邻方法和核函数方法。

多变量核密度估计已经被用于降雨的条件概率密度估计。为了简便起见,本书采用单变量的核密度估计。单变量核密度估计公式如下:

$$\tilde{f}(x) = \frac{1}{nh}\sum_{i=1}^{n} K(\frac{x - x_i}{h}) \tag{3-14}$$

式中:$\tilde{f}(x)$ 为样本概率密度估计;n 为样本数;h 为带宽;$K(\cdot)$ 为核函数,假设 $K(x) \geqslant 0, \int_R K(x) = 1$。

通常采用的核函数有 parzen 窗、三角函数、余弦函数、指数函数和高斯函数等。在这些函数中,高斯函数应用最广泛,本书中采用高斯函数作为核函数。高斯核函数表示如下:

$$K(x) = \frac{1}{\sqrt{2\pi}} e^{-x^2/2} \tag{3-15}$$

为了更好地估计非参数概率密度,合适的带宽选择非常关键。通常情况下,随着带宽的增大概率密度曲线越光滑。如果带宽太小,概率密度曲线就会因为有太多噪声而粗糙;相反,若带宽太大,则概率密度曲线会过拟合而丢失了样本信息。带宽的选择参照如下经验公式:

$$h = 0.9An^{-1/5} \tag{3-16}$$

$$A = \min\{q/1.34, \sigma\} \tag{3-17}$$

式中:q 为分位数距;σ 为样本标准差。

3.3　五种不同分布类型的贝叶斯概率水文预报

3.3.1　研究流域概况

研究流域为柘溪流域,采用第 2.2 节中的新安江模型预报结果作为贝叶斯 HUP 的输入,流域详细概况见图 2-1。

3.3.2　预报结果及分析

选取柘溪水库 2004~2014 年 49 场洪水的降雨、径流资料用于模型计算,其中 28 场洪水为率定期数据用于参数率定,21 场洪水为检验期检验模型预报结果。采用新安江模型做确定性预报,将新安江模型预报结果和实测资料作为贝叶斯概率分布的输入,假设径流数据分别服从上述 Logweibull 分布、非参数分布、P-Ⅲ分布、正态分布、经验分布五种分布,应用遗传算法进化 10 000 代,进化目标为均方根误差最小,率定贝叶斯先验分布和似然函数参数。经过正态分位数转换,按照 HUP 中亚高斯分布的原空间公式计算贝叶斯后验分布。统计确定性系数和均方根误差等评价指标,对后验分布结果进行对比分析。各分布对应的先验分布和似然函数、后验分布的参数结果如表 3-1 所示。

表 3-1　五种分布贝叶斯模型的参数

分布类型	*a*	*b*	*c*	*d*	*t*	*delt*	*A*	*B*	*D*	*T*
Nonpara	1.444	1.318	0.982	0.152	0.191	1.756	0.017	0.022	0.963	0.036
Gaussian	0.695	−0.119	0.885	0.465	0.465	1.090	0.112	0.013	0.734	0.192
P-Ⅲ	0.646	0.240	0.958	1.324	0.285	1.680	0.018	−0.004	0.917	0.080
经验	0.885	−0.313	0.933	1.007	0.359	1.494	0.049	0.015	0.839	0.123
Logweibull	1.563	−0.126	0.980	0.876	0.200	1.973	0.016	0.002	0.951	0.039

由于确定性系数(R^2)和均方根误差(*RMSE*)是衡量洪水预报精度的重要指标,能够表明预报过程与洪水过程线的拟合程度,且对应新安江确定性预报精度评定结果,本书采用确定性系数和均方根误差作为指标评价不同预见期下五种不同分布的贝叶斯概率预报模型 50% 概率下的预报效果。表 3-2 是预见期 $k=1$ 时,对率定期 28 场和检验期 21 场洪水的预报结果进行统计评价的结果。对比表 2-4 和表 3-2 预报结果可以发现,除 Normal-Bayes 模型中大洪水的预报精度逊于新安江模型外,五种分布的贝叶斯概率预报模型均优于新安江模型预报结果,说明贝叶斯概率预报模型很大程度地提高了径流预报效果。预见期 $k=2$ 和 $k=3$ 时,五种分布的贝叶斯概率预报模型 50% 概率下预报结果见附表 1和附表 2。

表 3-2　$k=1$ 时,率定期和检验期五种分布贝叶斯模型 50%概率预报结果

时期	洪号	P-Ⅲ		Nonpara		Empirical		Normal		Logweibull	
		RMSE	R^2	*RMSE*	R^2	*RMSE*	R^2	*RMSE*	R^2	*RMSE*	R^2
率定期	1	149.75	0.98	158.93	0.98	130.58	0.99	257.03	0.95	130.90	0.99
	2	125.13	0.98	133.34	0.98	119.02	0.98	166.27	0.97	119.18	0.98
	3	337.16	0.95	330.93	0.95	196.36	0.98	647.42	0.83	192.64	0.98
	4	105.94	0.99	116.71	0.99	89.60	0.99	188.17	0.97	88.09	0.99

续表 3-2

时期	洪号	P-Ⅲ		Nonpara		Empirical		Normal		Logweibull	
		RMSE	R^2	*RMSE*	R^2	*RMSE*	R^2	*RMSE*	R^2	*RMSE*	R^2
率定期	5	250.60	0.96	255.73	0.96	160.48	0.98	494.95	0.85	161.66	0.98
	6	254.04	0.97	260.20	0.97	160.27	0.99	598.60	0.84	152.79	0.99
	7	189.85	0.98	205.34	0.98	153.24	0.99	377.39	0.93	155.74	0.99
	8	577.87	0.87	550.21	0.88	237.56	0.98	1 194.09	0.44	229.08	0.98
	9	82.94	0.99	93.04	0.99	73.75	0.99	122.54	0.98	72.07	0.99
	10	218.62	0.98	224.24	0.98	122.58	0.99	457.14	0.90	118.08	0.99
	11	171.72	0.98	184.88	0.98	156.42	0.99	258.16	0.96	159.16	0.98
	12	138.37	0.98	155.28	0.97	122.01	0.98	207.87	0.95	124.30	0.98
	13	637.61	0.92	579.29	0.93	284.78	0.98	1 164.61	0.72	278.53	0.98
	14	581.48	0.91	542.60	0.92	300.46	0.98	1 105.87	0.68	301.56	0.98
	15	814.66	0.81	732.06	0.84	252.50	0.98	1 536.86	0.31	229.86	0.98
	16	1 363.55	0.69	1 241.48	0.75	428.78	0.97	2 112.88	0.26	296.21	0.99
	17	85.31	0.99	92.94	0.99	80.82	0.99	117.18	0.98	80.71	0.99
	18	165.51	0.98	173.90	0.98	147.57	0.99	286.72	0.95	146.89	0.99
	19	344.72	0.96	330.27	0.96	197.99	0.99	635.15	0.85	195.02	0.99
	20	250.60	0.97	257.28	0.97	206.63	0.98	484.72	0.89	211.46	0.98
	21	122.88	0.98	144.60	0.98	99.46	0.99	198.03	0.96	102.01	0.99
	22	521.82	0.92	496.92	0.93	175.33	0.99	1 097.09	0.65	171.00	0.99
	23	143.47	0.96	149.06	0.96	140.93	0.96	149.62	0.95	142.82	0.96
	24	108.00	0.99	114.87	0.98	106.19	0.99	122.44	0.98	107.04	0.99
	25	236.06	0.96	258.20	0.95	157.14	0.98	565.57	0.77	155.27	0.98
	26	560.26	0.92	499.32	0.94	160.82	0.99	1 019.06	0.74	145.24	0.99
	27	143.09	0.97	150.35	0.97	135.41	0.97	165.63	0.96	136.25	0.97

续表 3-2

时期	洪号	P-Ⅲ		Nonpara		Empirical		Normal		Logweibull	
		RMSE	R^2	*RMSE*	R^2	*RMSE*	R^2	*RMSE*	R^2	*RMSE*	R^2
	28	734.21	0.88	665.19	0.90	267.28	0.98	1163.51	0.70	226.27	0.99
率定期	1	114.52	0.91	115.24	0.90	116.37	0.90	123.56	0.89	116.57	0.90
	2	93.90	0.98	97.56	0.98	91.02	0.98	105.97	0.98	90.62	0.98
	3	45.55	0.99	50.61	0.99	43.07	0.99	58.94	0.98	42.65	0.99
	4	150.12	0.94	156.06	0.93	145.38	0.94	144.40	0.94	149.52	0.94
	5	102.60	0.98	115.77	0.98	88.36	0.99	141.31	0.97	87.57	0.99
	6	110.31	0.96	111.13	0.96	110.89	0.96	117.37	0.95	112.40	0.96
	7	65.18	0.97	66.74	0.97	67.22	0.97	84.10	0.95	66.33	0.97
	8	75.99	0.98	78.20	0.97	77.88	0.97	93.20	0.96	77.38	0.97
	9	113.03	0.96	116.69	0.96	110.74	0.97	111.72	0.97	113.89	0.96
	10	68.59	0.97	70.92	0.97	72.72	0.97	106.81	0.92	69.39	0.97
	11	128.47	0.96	130.58	0.96	129.34	0.96	137.88	0.95	129.22	0.96
	12	101.12	0.98	115.60	0.97	91.70	0.98	125.83	0.97	91.50	0.98
	13	136.71	0.95	142.00	0.95	133.29	0.96	132.89	0.96	137.48	0.95
	14	157.41	0.87	158.29	0.87	159.81	0.87	162.79	0.86	159.87	0.87
	15	111.76	0.96	113.34	0.96	112.61	0.96	117.20	0.95	112.88	0.96
	16	180.67	0.96	172.05	0.96	225.58	0.93	254.33	0.92	100.65	0.99
	17	112.38	0.95	115.31	0.95	111.63	0.95	114.40	0.95	112.28	0.95
	18	77.78	0.98	85.14	0.98	73.81	0.99	77.10	0.98	76.39	0.99
	19	153.91	0.91	157.24	0.90	152.74	0.91	147.32	0.91	154.62	0.90
	20	102.68	0.97	117.05	0.97	86.76	0.98	132.82	0.96	88.94	0.98
	21	265.84	0.89	248.11	0.90	339.34	0.82	369.86	0.78	159.15	0.96

图 3-2 是在预见期 $k=1$ 时,率定期 28 场洪水五种不同分布的贝叶斯模型和新安江模型预报均方根误差结果。从图 3-2 中可以看到,除了 Normal-Bayes 模型,其他四种贝叶斯模型预报流量的 *RMSE* 均小于新安江模型预报结果。总体上来说,Logweibull-Bayes 模型和 Empirical-Bayes 模型的预报流量 *RMSE* 是最小的。Empirical-Bayes 模型预报效果较好的原因是因为有较多的样本供模拟,因此模拟的概率分布更接近于真实值。在小洪水时 P-Ⅲ-Bayes 模型和 Nonpara-Bayes 模型的预报结果优于新安江模型,但是大洪水时预报误差偏大。在发生中小洪水时,可以考虑 Logweibull-Bayes 模型、Empirical-Bayes 模型、P-Ⅲ-Bayes 模型和 Nonpara-Bayes 模型进行预报。Logweibull-Bayes 模型和 Empirical-Bayes 模型因为大洪水时较高的预报精度可以被用作大洪水预报模型。

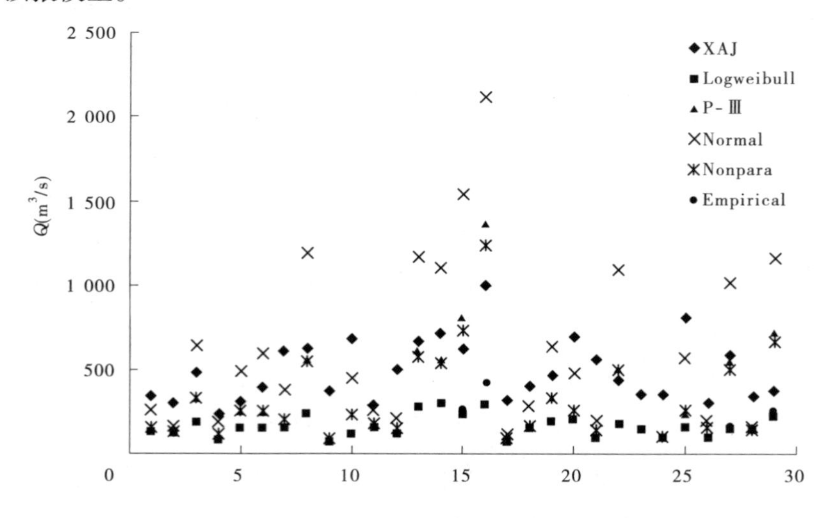

图 3-2　率定期五种分布贝叶斯模型和新安江模型在 $k=1$ h 时预报流量的均方根误差

为了对比各种分布贝叶斯模型的预报效果并确定分布类型对于贝叶斯概率预报模型的影响,本书统计均方根误差和确定性系数的平均值和标准差反映贝叶斯概率预报的效果,表 3-3 为不同预见期下五种分布贝叶斯模型预报效果,表中加粗表示在检验期或率定期不同预见期时预报效果最好,即 *RMSE* 的均值和标准差最小,确定性系数的均值最大和标准差最小。在率定期,Logweibull-Bayes 预报模型 *RMSE* 的均值和标准差最小,同时,该模型确定性系数的均值分别是 0.99、0.96 和 0.90,都是最大值。*NSE* 的标准差为 0.01、0.02 和 0.05,是这五个模型中最小的。在检验期,当预见期是 $k=1$ 和 $k=2$ 时,Logweibull-Bayes 预报模型有最小的 *RMSE* 均值和标准差。同时,确定性系数的均值是最大值,确定性系数标准差是最小的。在检验期预见期 $k=3$ 时,Logweibull-Bayes 预报模型有最小的 *RMSE* 均值和标准差。但是这种情况下的 Logweibull-Bayes 模型、P-Ⅲ-Bayes 模型、Nonpara-Bayes 模型和 Empirical-Bayes 模型具有相同的 *NSE* 均值 0.82。然而,此时的 P-Ⅲ-Bayes 模型、Empirical-Bayes 模型和 Normal-Bayes 模型的 *NSE* 标准差比 Logweibull-Bayes 模型略小一些。总的来说,在率定期和检验期的三种预见期情况下,Logweibull-Bayes 预报模型具有更好的预报效果。

表 3-3　五种分布贝叶斯模型的预报结果

时期	分布	指标	$k=1$		$k=2$		$k=3$	
			RMSE	R^2	*RMSE*	R^2	*RMSE*	R^2
率定期	P-Ⅲ	均值	336.26	0.94	394.11	0.92	488.91	0.88
		标准差	288.49	0.06	268.78	0.06	282.81	0.07
	Nonpara	均值	324.90	0.95	550.47	0.85	451.56	0.90
		标准差	254.35	0.05	358.23	0.11	232.39	0.06
	Empirical	均值	173.71	0.98	300.91	0.95	431.31	0.90
		标准差	76.84	0.01	137.65	0.02	196.38	0.05
	Normal	均值	603.38	0.82	388.21	0.93	604.87	0.82
		标准差	500.69	0.20	275.75	0.06	417.23	0.15
	Logweibull	均值	165.35	0.99	282.99	0.96	423.87	0.90
		标准差	60.71	0.01	117.91	0.02	186.17	0.05

续表 3-3

时期	分布	指标	$k=1$		$k=2$		$k=3$	
			RMSE	R^2	*RMSE*	R^2	*RMSE*	R^2
检验期	P-Ⅲ	均值	117.55	0.95	168.69	0.91	227.77	0.82
		标准差	46.54	0.03	52.89	0.05	70.56	0.10
	Nonpara	均值	120.65	0.95	192.80	0.88	227.20	0.82
		标准差	42.32	0.03	52.99	0.05	69.87	0.11
	Empirical	均值	120.96	0.95	167.69	0.91	229.34	0.82
		标准差	62.37	0.04	59.00	0.05	73.25	0.10
	Normal	均值	136.18	0.94	179.86	0.89	236.99	0.81
		标准差	64.50	0.05	75.37	0.07	76.27	0.10
	Logweibull	均值	107.11	0.96	159.45	0.91	224.70	0.82
		标准差	32.01	0.03	44.65	0.05	68.97	0.11

以 2013 年 6 月 23 日 13 时这场洪水为例，图 3-3(a)、(b)、(c)分别是预见期 $k=1$、$k=2$ 和 $k=3$ 时，五种不同分布的贝叶斯预报结果(采取中分位数即概率为 50%的预报结果)和新安江模型预报结果与实测流量数据的对比。新安江确定性模型预报结果是大于实测流量的，尤其是在洪峰处预报流量偏大更多。而且，新安江模型预报的洪水起涨时间是较短的，峰现时间是早于实测峰现时间的。尽管这对于汛期水库管理者开展防洪工作是有利的，但是影响了水库的发电效益和汛末蓄水，可能造成一定程度弃水。对比新安江模型，这五种贝叶斯预报模型预测流量更接近于实测流量值，具有较高的预报精度。当 $k=1$ 和 $k=2$时，50%概率的贝叶斯预报结果优于新安江模型，随着预见期的增加，$k=3$ 时，Normal-Bayes 模型、Nonpara-Bayes 模型、Logweibull-Bayes 模型的预报结果仍接近于实测值，预报效果优于 P-Ⅲ-Bayes 模型和 Empirical-Bayes 模型。随着预见期的增加，水文预报模型的预报结果精度降低。不同分布的贝叶斯模型预报结果降低程度不同，在这五种贝叶斯模型中，Normal-Bayes 模型、Nonpara-Bayes 模型、Logweibull-

Bayes 模型的预报效果是好的，P-Ⅲ-Bayes 模型和 Empirical-Bayes 模型的预报效果随预见期增长下降较大。

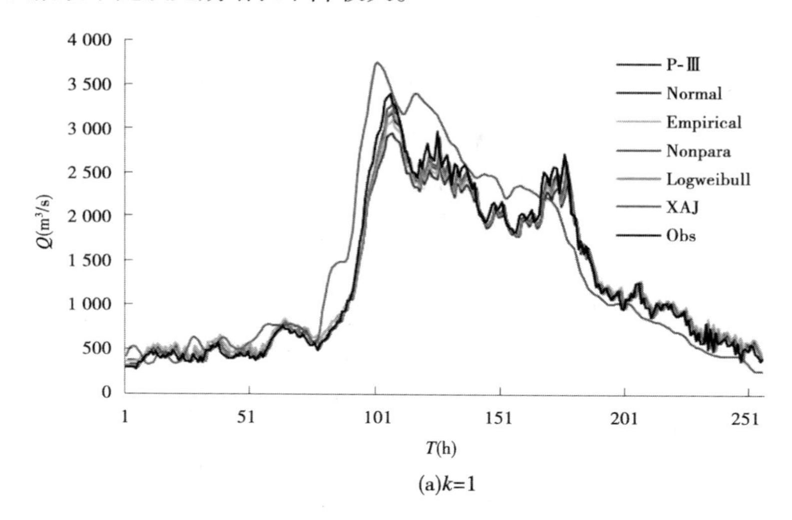

(a)k=1

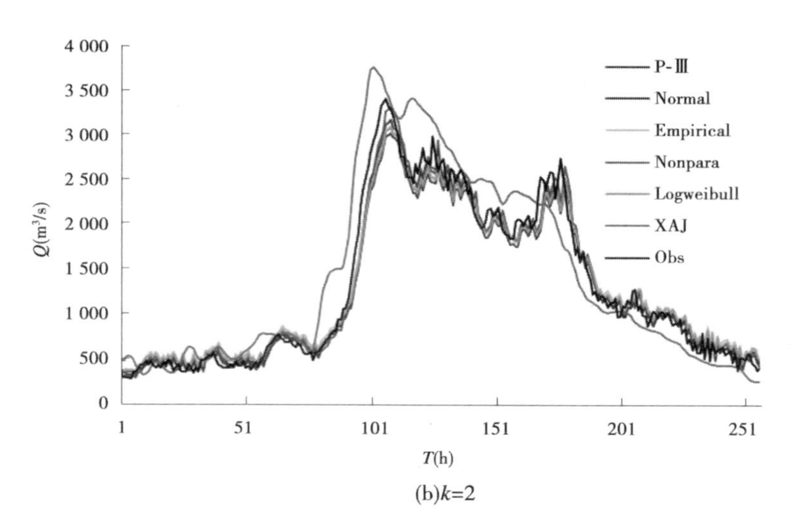

(b)k=2

图 3-3　20130623 号洪水预见期为 1 h、2 h 和 3 h 时，五种分布的贝叶斯模型 50%概率预报结果、新安江模型和实测流量对比

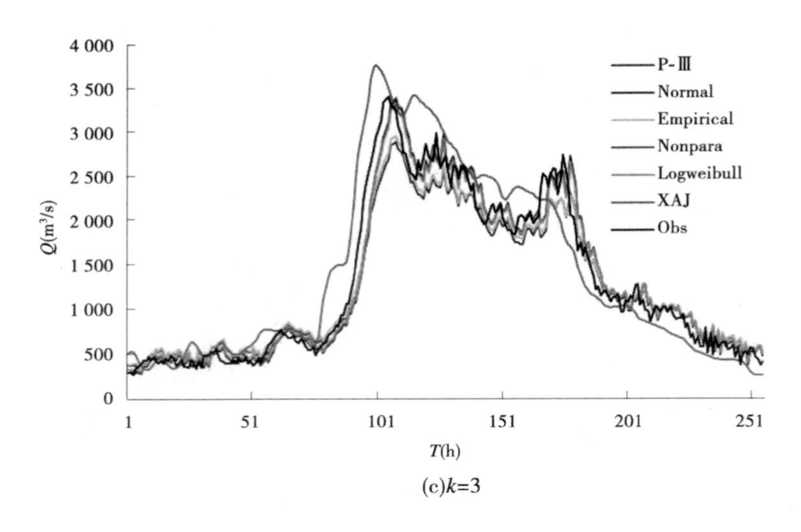

(c)k=3

续图 3-3

概率预报模型的精度不仅体现在均值预报上,也取决于预报区间的包含率、区间宽度。Huisman 于 2004 年提出包含率和区间宽度作为概率预报的评价指标。在预见期 $k=1$ 时 90%预报置信区间相应的五种贝叶斯预报结果见图 3-4。图 3-4(a)、(b)、(c)、(d)、(e)分别对应于 2013062313 号洪水预见期 $k=1$ 时 Nonpara-Bayes 模型、Logweibull-Bayes 模型、Normal-Bayes 模型、P-Ⅲ-Bayes 模型、Empirical-Bayes 模型的预报结果。当预见期 $k=1$ 时,五种分布的贝叶斯预报模型都能完全包含实测流量值,在这五种贝叶斯分布模型中,Nonpara-Bayes 模型具有较窄的区间宽度和最好的预报效果,Logweibull-Bayes 模型和 P-Ⅲ-Bayes 模型的预报区间宽度比 Nonpara-Bayes 模型略大。作为比较,Normal-Bayes 模型和 Empirical-Bayes 模型预报宽度较大,包含率较小,效果比其他三种模型差。随着预见期的延长,五种分布的贝叶斯模型精度降低。

综合考虑包含率和区间宽度的指标对五种贝叶斯分布的 90%区间预报结果进行分析:

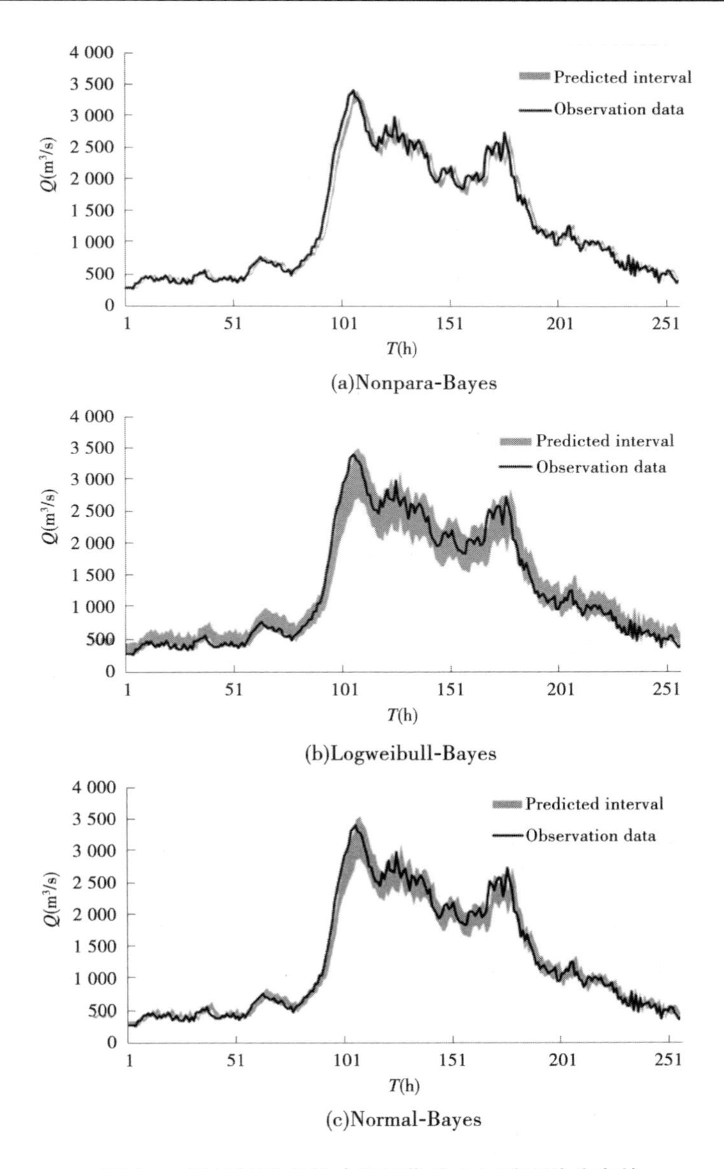

(a)Nonpara-Bayes

(b)Logweibull-Bayes

(c)Normal-Bayes

图3-4　20130623号洪水预见期为1 h时五种分布的贝叶斯模型90%概率预报区间与实测流量对比

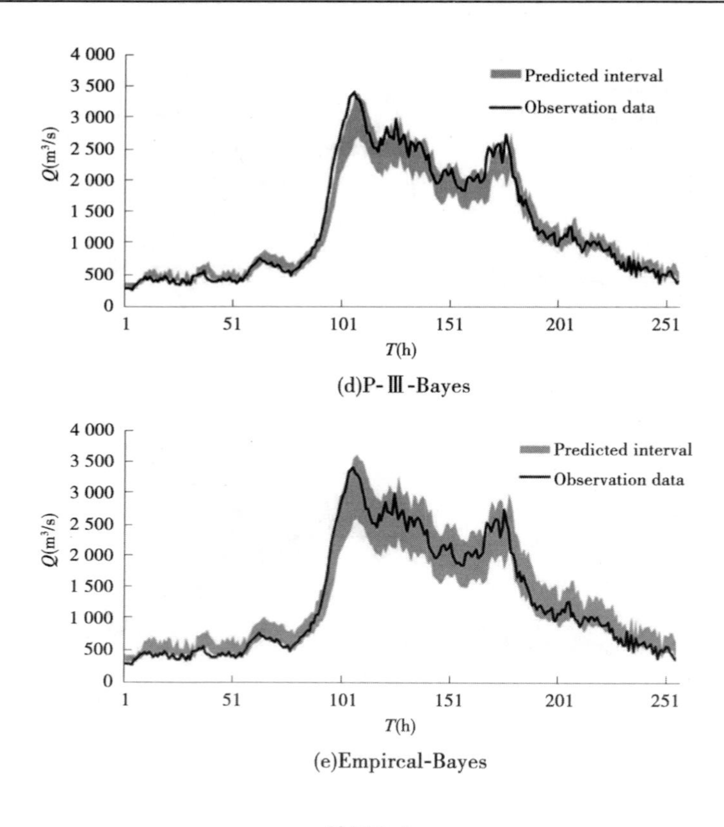

续图 3-4

(1)$k=1$ 时,五种贝叶斯预报方法的预报区间可以完全包含实测流量,其中 Nonpara-Bayes 模型的预报区间宽度最窄,预报效果最好;Logweibull-Bayes 模型和 P-Ⅲ-Bayes 模型的预报区间宽度比 Nonpara-Bayes 模型稍宽,预报效果次之;Normal-Bayes 模型、Empirical-Bayes 模型的预报区间宽度最宽,预报效果最差。

(2)$k=2$ 时,Nonpara-Bayes 模型的预报峰现时间滞后,洪水过程较实测洪水过程推迟,预报区间虽然比较窄,但是对实测值的包含率最低。Logweibull-Bayes 模型、Normal-Bayes 模型、P-Ⅲ-Bayes 模型和 Empirical-Bayes 模型对实测值包含率均较高,其中 Normal-Bayes 模型的预报区间宽度最低,预报效果最好。

(3)$k=3$ 时,Nonpara-Bayes、Logweibull-Bayes、Normal-Bayes 三种模型的预报峰现时间滞后,洪水过程较实测洪水过程推迟时间变长,预报区间虽然比较窄,但是对实测值的包含率低。P-Ⅲ-Bayes 模型和 Empirical-Bayes 模型对实测值包含率均较高,但是预报区间宽度相对较宽,预报效果并不理想。综合包含率和区间宽度,Logweibull-Bayes 模型的预报效果最好。

(4)随着预见期的延长,各贝叶斯模型的预报精度(包含率和预报区间指标)均有所降低。预见期不同时,各贝叶斯模型的预报精度不一致,并不是一个模型总是优于其他模型。在实际预报中可以综合考虑各种分布进行贝叶斯概率预报以提高预报精度。

3.4 本章小结

在本章中,基于贝叶斯理论的 HUP,分别假设径流服从 Logweibull 分布、非参数分布、P-Ⅲ分布、正态分布、经验分布,采用上述五种分布作为先验分布、概率密度分布和后验分布对新安江模型进行后处理,达到运用不同分布的贝叶斯 HUP 模型进行概率预报的目的。通过分析和比较不同分布类型的概率水文预报结果,确定分布类型对于贝叶斯概率水文预报模型的影响。经研究发现,Logweibull 分布的 50%概率预报结果最优,有利于提高平均贝叶斯概率水文预报的准确性。同时,Logweibull-Bayes 模型、Empirical-Bayes 模型、P-Ⅲ-Bayes 模型和 Nonpara-Bayes 模型由于其在中小洪水时良好的预测结果可以考虑在中小洪水的情况下进行洪水预报。

通过对比精度评价指标:*RMSE* 和 *NSE* 的平均值和标准差,Logweibull 分布的贝叶斯模型在率定期和检验期 1~3 h 的预见期,*RMSE* 的平均值和标准差最小,*NSE* 的均值最大,*NSE* 的标准差最小。但随着预见期的延长,不同分布的贝叶斯预测模型的精度逐渐降低,并且各分布的贝叶斯模型精度降低幅度也有较大差别。同时,按照 90%的预测区间宽度和包含的预测结果,没有一个概率分布的贝叶斯预报精度总是优于其他分布的贝叶斯模型,并且在特定的地区集合 HUP 的分布类型可以消除单一分布的地区适应性和不稳定性,因此通过综合不同分布的贝叶斯模型预报结果以提高预测精度是最有效的方法。

第 4 章　上下限区间水文预报

4.1　上下限区间水文预报模型概述

与考虑水文预报不确定性进行某种置信程度的贝叶斯概率水文预报不同,区间预报是通过构造一定置信程度的水文预报上下限,得到该概率下的水文预报区间实现不确定性预报,因此区间水文预报模型也是一种概率水文预报方法。现有假设误差分布的概率预报和集合预报(包括贝叶斯概率水文预报模型)等计算能够产生一定置信度下的概率预报,但是其计算过程复杂,计算效率低下,地理适用性较差。为此,以神经网络方法构造的上下限区间预报以其计算简单,以数据驱动模型而受到广泛的关注。2011 年,Khosravi 等提出了一种称为上下边界估计(Lower Upper Bound Estimation, LUBE)的高效区间预报建立方法。LUBE 区间预报方法采用 ANN 模型作为预报模型,但与传统 ANN 模型仅输出预报变量的一个估计值不同,LUBE 区间预报方法的 ANN 模型输出了预报变量的两个估计值,直接作为预报区间的上下边界。一个同时考虑“区间覆盖率”和“区间宽度”的评价指标用作目标函数,通过优化这个目标函数来率定 ANN 模型参数。LUBE 区间预报方法不需要对实测数据或预报误差的分布规律作任何假设且计算简便且容易实现,已被证明是比传统区间预报方法更简单、更容易实现、更可靠的方法。尽管如此,应用神经网络模型进行区间预报的方法又因黑箱模型的内部结构复杂和优化算法容易陷入局部最优。综合上述现行概率水文预报方法存在的问题,概率水文预报方法在预报精度、算法优化、节省运算时间等方面仍有提升的空间。

基于上下限的 LUBE 方法采用神经网络模型预报流量的上限和下限,基于预报区间包含率和相对宽度的指标,构造一个罚函数的目标函数来反映模型预报的精度，这样可以很大程度地减少计算量，而且有很好的适用性。尽管神经网络模型有较好的预报效果，神经网络模型是一种基于数据驱动的黑箱统计模型，对数据的依赖程度很高，同时，神经网络模型的内部神经元结构不能具体呈现，神经网络模型还很容易陷入过拟合状态。PPR 是一种通过投影方向预测模拟，以数学公式反映计算过程的数学模型，被广泛应用于水文频率分析[19]和水文预报中。本章将提出两种基于上下限的区间水文预报模型，一种是基于小波分析-投影寻踪回归模型的上下限区间预报方法，另一种是基于理想边界的多元线性回归上下限区间预报方法，并将提出的模型预报应用于长江上游宜昌站流量预报，分别对这两种模型与以神经网络为基础的上下限区间水文预报模型预报结果进行对比。

4.2 上下限区间水文预报模型理论

本书所采取的上下限估计方法是以 Coverage Width Symmetry-based Criterion (CWSC)为准则，采用预报方法直接预报径流的上限和下限，构成预报区间的概率预报方法。上下限估计的 CWSC 准则是以包含率(Prediction Intervals Coverage Probability，PICP)、区间宽度(Prediction Intervals Average Relative Width，PIARW)和对称性(Prediction Intervals Symmetry，PIS)为基础的罚函数。PICP 包含率是序列中实测值在预测区间范围内的概率，能够反映预测区间对于实测序列的模拟能力。

$$PICP = \left(\frac{1}{n}\sum_{i=1}^{n} c_i\right) \times 100\% \tag{4-1}$$

其中

$$c_i = \begin{cases} 1 & L_i \leqslant y_i \leqslant U_i \\ 0 & \text{其他} \end{cases} \tag{4-2}$$

式中：y_i 为 i 时刻的实测流量值；L_i 为 i 时刻的预报下限流量；U_i 为 i 时刻的预报上限流量。

预测区间宽度是计算上下限包含的范围，本书采用 PIARW 计算。

预测区间宽度越小，模型对于实测值的模拟程度越精确。

$$PIARW = \frac{1}{n}\sum_{i=1}^{n}\frac{U_i - L_i}{y_i} \times 100\% \tag{4-3}$$

PIS 是对称性指标，反映了预报区间相对实测流量的对称程度。

$$PIS = \frac{1}{n}\sum_{i=1}^{n}\frac{|y_i - (U_i + L_i)/2|}{U_i - L_i} \times 100\% \tag{4-4}$$

CWSC 罚函数见下式：

$$CWSC = \gamma(PIS)e^{\eta_3(PIS-\mu_2)} + \eta_2 PIARW + \gamma(PICP)e^{-\eta_1(PICP-\mu_1)} \tag{4-5}$$

其中

$$\gamma(PIS) = \begin{cases}0 & PIS < \mu_2 \\ 1 & PIS > \mu_2\end{cases},\gamma(PICP) = \begin{cases}0 & PICP > \mu_1 \\ 1 & PICP < \mu_1\end{cases} \tag{4-6}$$

式中：μ_1、μ_2、μ_3 为 $CWSC$ 的参数，其余变量含义同前。

4.3　基于小波分析-投影寻踪回归的区间水文预报模型

4.3.1　小波分析

小波分析是一种时、频多分辨率分析方法，关键在于对信号实行小波变换。对于能量有限信号或时间序列，其连续小波变换为

$$W_f(a,b) = |a|^{-\frac{1}{2}}\int_{-\infty}^{+\infty} f(t)\psi^*(\frac{t-b}{a})dt \tag{4-7}$$

式中：$W_f(a,b)$ 为小波变换系数；a 为伸缩因子；b 为平移因子；$\psi(\cdot)$ 为母小波；* 为复共轭。

小波变换的实现算法有多种，本书采用 Mallat 算法。设有单变量水文时间序列 Q，取 Mallat 分解算法为

$$\begin{cases}c^{j+1}(t) = Hc_j \\ d^{j+1}(t) = Gd_j\end{cases} \quad (j = 0,1,\cdots,J) \tag{4-8}$$

Mallat 重构算法为

$$c_j = \dot{H}c_{j+1} + \dot{G}d_{j+1} \quad (j = J-1, J-2, \cdots, 0) \tag{4-9}$$

式中：c_j 和 d_j 分别为分解层 j 下的近似信号和细节信号；H 为分解低通滤波器；G 为分解高通滤波器；$\dot{H}$ 为重构低通滤波器；$\dot{G}$ 为重构高通滤波器。

由于 Daubechies 小波系对不规则信号较为灵敏，其中的香农小波相比其他 db 小波具有最短的时窗以及更好的时间分辨率。因此，本书选取正交不对称的香农小波作为母小波函数。

4.3.2　投影寻踪回归

投影寻踪回归(PPR)技术是将投影寻踪(PP)与回归分析(RA)方法相结合产生的一种多因子建模新技术，其对统计数据不需要做任何假定、任何变换等人为干预，而是利用计算机对数据进行降维优化处理，客观地审视数据结构，充分获取非正态、非线性的有用信息，并以数值函数描述其结构后再用于预测。PPR 模型设 $y=f(x)$ 和 $x=(x_1, x_2, \cdots, x_p)$ 分别为一维和 p 维随机变量。为客观分析高维非线性数据的结构特征，本书采取以岭函数 $G_m(Z)$ 的和来逼近回归函数的方法构造投影寻踪回归模型，即

$$f(x) \sim \sum_{m=1}^{M} \beta_m G_m(Z_m) = \sum_{m=1}^{M} \beta_m G_m\left(\sum_{j=1}^{M} \alpha_{mj} x_j\right) \tag{4-10}$$

式中：M 为岭函数的个数；β_m 为第 m 个岭函数的权重系数；$\alpha_{mj}x_j$ 是岭函数 G_m 的自变量，实际上是 p 维向量 x 在 α 方向上的投影，其中 α_{mj} 为 α 的第 j 个分量。

为确定式(4-10)中参数，通常应用目标函数采用优化算法确定出 PPR 的具体预测模型。

4.3.3　简介模型

小波分析是将复杂的时间序列分解成近似信号和细节信号序列的一种分解方法。其中，近似信号是低频部分，细节信号是高频部分。近

似信号和细节信号因为作用机制和表征对象不同,所以每种频率成分都各有其自身的制约因素和发展规律。将时刻小波分解的若干不同频带序列作为 PPAR 模型的输入,分别输出 *tT*(*T* 为预见期)时刻序列,最后进行重构。以上述方式建立的组合模型,称为基于小波分解的投影寻踪自回归组合模型(PPARWD),模型的详细介绍可参考文献[74]。本书中应用一维投影方向,正交多项式的阶数最高为二阶计算最小的 *CWSC* 值,以确定概率预报的区间。采用遗传算法以 *CWSC* 准则为目标函数率定 Herimate 正交多项式的系数,以及投影方向和 LUBE 的参数 η。基于小波析-投影寻踪自回归的 LUBE 模型流程见图 4-1,模型计算步骤如下:

(1)采用小波分解将流量分为低频 L 和高频序列 U_1, U_2, U_3。

(2)归一化各序列,使其值位于[0,1]。

(3)确定投影寻踪回归模型的结构以及参数个数。

(4)采用 *CWSC* 为目标函数,应用遗传算法的交叉、变异、选择优化参数,超过计算次数或者达到要求的精度最大则跳出循环,保留最优参数;否则,继续遗传算法的优化过程。

(5)根据最优参数确定各序列的预报上下限区间,通过小波重构将各序列的预测值合并。

4.3.3.1　流域概况

本书采用长江流域上游作为研究区域,以长江干流上屏山、高场、李家湾、北碚、武隆、宜昌站的 1953～2007 年共 55 年汛期(6～9 月)的实测日流量数据作为输入,以预见期为 1 d 预测宜昌站的流量。从图 4-2中可以看出各站点分布位置和长江上游支流汇入的情况。选取 1953～1987 年 35 年作为率定期,1988～2007 年 20 年作为验证期对模型进行检验。

长江全长约 6 300 km,是世界第三长河流,亚洲第一长河流。长江是中国水量最丰富的河流,水资源总量 9 616 亿 m^3,约占全国河流径流总量的 36%。长江流域位于东经 90°33′～122°25′,北纬 24°30′～35°45′,流域面积达 180 万 km^2。长江流域属于亚热带季风气候区,多年平均降水量近 1 100 mm。雨季为 4～10 月,其降水量可占年降水量的 85%。

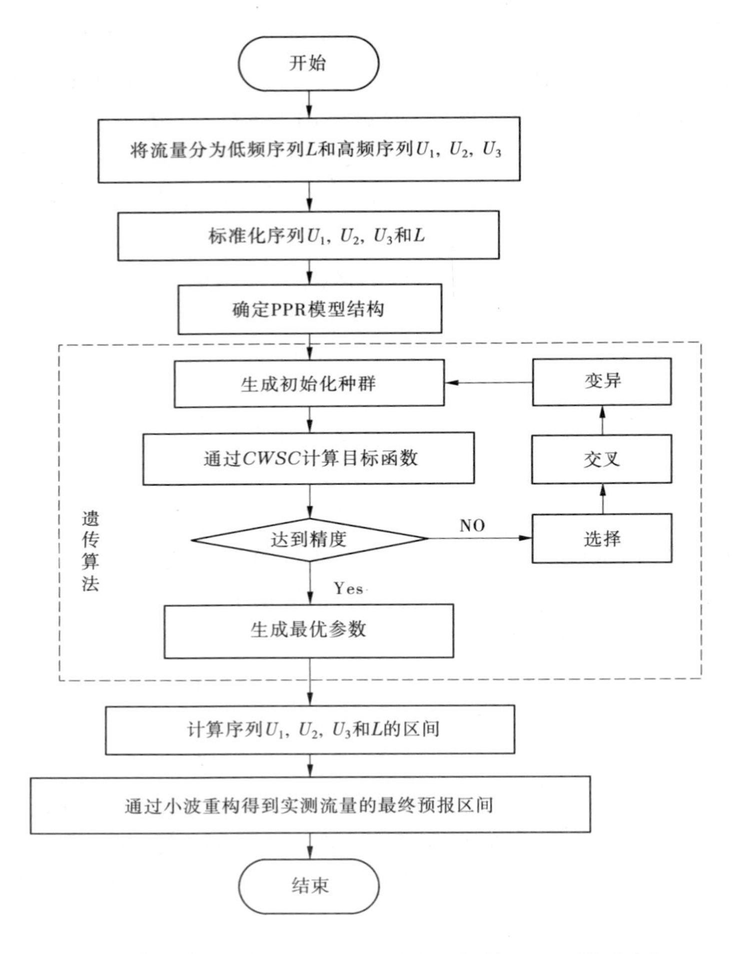

图 4-1　基于小波分析-投影寻踪自回归的 LUBE 模型流程

长江上游流域西起青藏高原格拉丹东，东至湖北宜昌，全长4 504 km，主要支流有雅砻江、岷江、嘉陵江、乌江等，控制流域面积 100 万 km^2。长江上游地形复杂，滩多流急，河流落差和河床比降大，蕴藏丰富的水能资源，在金沙江上建有乌东德、白鹤滩、溪洛渡、向家坝梯级水库，在湖北宜昌段有世界第一大坝——三峡大坝，以及葛洲坝水利枢纽。因此，精确的水文预报对于流域水资源管理和水库调度具有广泛的实际意义。

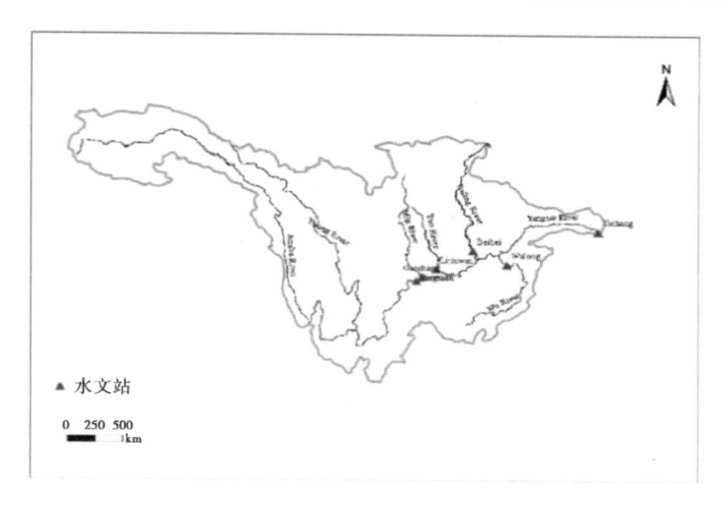

图 4-2　长江上游水文站点分布

4.3.3.2　预报结果及分析

图 4-3 是宜昌站检验期 1988~2007 年 6~9 月的小波分解结果，采用香农小波将实测序列分为 1 个低频和 3 个高频序列，并分别针对每一个序列采用投影寻踪回归模型预报上下限，最后再合并数据。从图中 4-3 可以看出，分解的低频小波流量较大，波动较小，相应的高频小波变化频率和幅度较大，给预报造成了很大的难度。

在进行小波分析各个频段的投影寻踪回归模拟过程中，低频段采用包含率 0.9 为目标，高频段因为变化剧烈，变化的幅度也比较大，难以进行精确的预报，在计算的过程中对第二频段采用 0.3、0.5 和 0.6 为包含率目标进行预报，第三频段和第四频段因为流量值较小，对整体预报的影响较小，因此采用 0.3 为目标进行预报。对比第二频段为 0.3、0.5 和 0.6 的包含率预报结果。小波分析-投影寻踪回归模型预报结果见表 4-1，其中 PPR 是仅采用投影寻踪模型的上下限边界模型预报结果，0.3、0.5 和 0.6 为第二频段采用包含率 0.3、0.5 和 0.6 为目标进行的小波分析-投影寻踪回归模型预报结果。

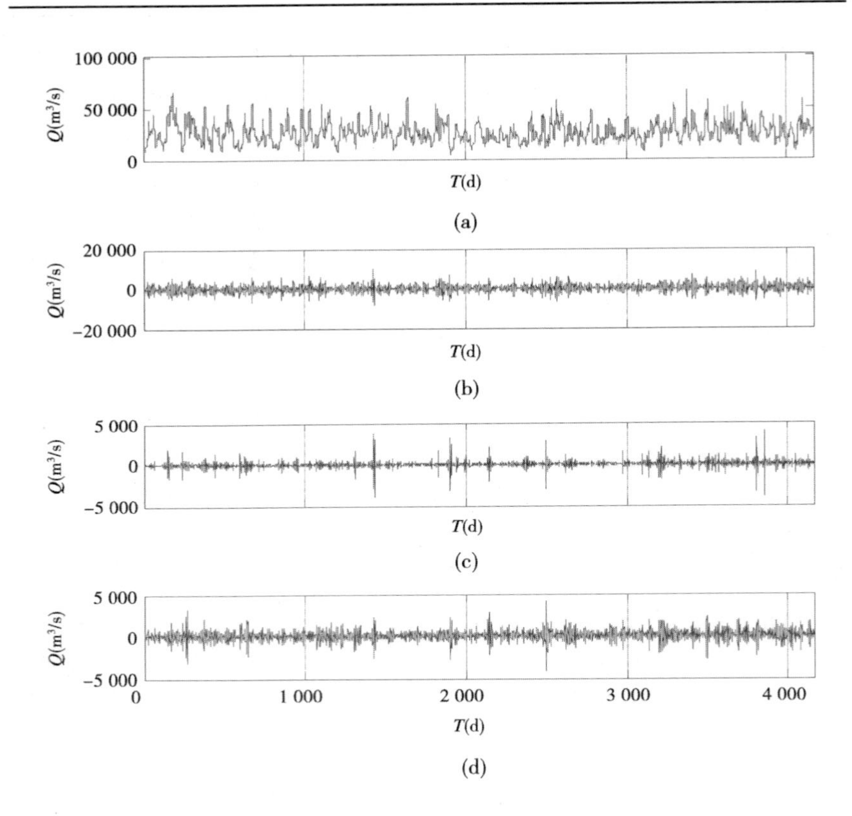

图 4-3　宜昌站检验期 1988~2007 年 6~9 月的小波分解图

表 4-1　投影寻踪回归模型与神经网络模型结果对比

时段	模型	指标			
		PICP	*PIRAW*	*PIS*	*RMSE*
率定期	BP	0.934	0.339	0.214	2 432.82
	0.3	0.899	0.358	0.241	3 041.75
	0.5	0.922	0.388	0.221	2 983.46
	0.6	0.934	0.408	0.205	2 945.02
	PPR	0.934	1.040	0.259	6 175.91
验证期	BP	0.932	0.346	0.210	2 370.34
	0.3	0.901	0.358	0.234	2 931.14

从表 4-1 中可见,在相同的包含率情况下,仅依赖于 PPR 的 LUBE 区间预报模型的区间宽度、对称性和 *RMSE* 相比其他模型结果都较大,预报效果较差。采用小波分析-投影寻踪回归的 LUBE 模型在第二频段包含率分别为 0.3、0.5 和 0.6 时,重构后的整体包含率分别为 0.899、0.922、0.934,随着包含率的增大,预报区间宽度从 0.358、0.388、0.408 逐渐变宽,对称性指标从 0.241、0.221、0.205 逐渐变小。区间预报目标是以最小的区间宽度包含最多的实测流量值,同时上下边界以实测流量值为基准对称分布,即包含率尽可能大,预报区间宽度尽可能小,对称性尽可能接近 0。区间宽度和包含率的对立性,决定了区间预报只能寻找这两个指标的平衡点。综合考虑这三个指标的预报效果,本书采用第二频段的包含率目标为 0.3 作为预报模型,通过检验期的数据检验其包含率为 0.901,区间宽度为 0.358,对称性为 0.234,均方根误差为 2 931.14。图 4-4(a)和(b)分别为小波分析-投影寻踪回归区间预报模型在 1954 年和 1998 年汛期的流量预报结果。

将采用 BP 神经网络模型构造的区间预报结果和采用小波分析-投影寻踪模型预报结果进行对比,在率定期和检验期小波分析-投影寻踪预报模型的区间包含率略低于 BP 神经网络模型,区间宽度和 BP

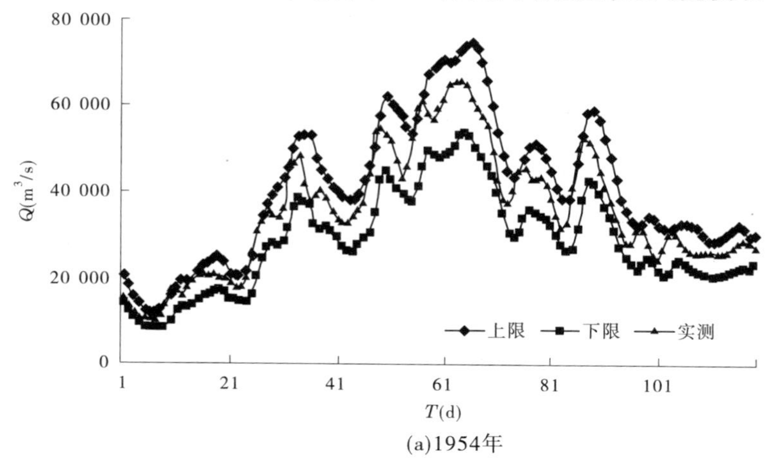

(a)1954年

图 4-4　小波分析-投影寻踪回归区间预报 1954 年和 1998 年汛期流量结果

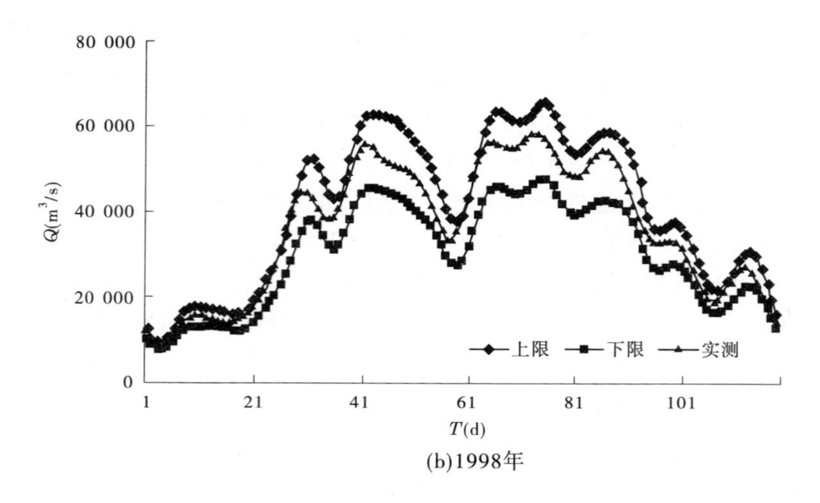

(b)1998年

续图 4-4

神经网络模型相当,对称性略高于 BP 神经网络模型,均方根误差也稍高于 BP 神经网络模型,这说明小波分析-投影寻踪回归构造的区间预报模型与 BP 神经网络模型预报效果相当,但是小波分析-投影寻踪模型有更明确的模型结构,在模型参数和模型结构的改进方面,可以避免过拟合等情况。

4.4　基于理想边界的多元线性回归预报模型

4.4.1　理想边界

4.4.1.1　基于绝对宽度的理想上下限构造方法

基于绝对宽度的理想上下限构造方法就是综合所有实测流量确定一个理想的区间宽度常量 W_A,则理想上下限流量用下式表示:

$$Q_L^A = Q - \frac{W_A}{2}$$
$$Q_U^A = Q + \frac{W_A}{2} \tag{4-11}$$

$$Q \in [Q_L^A, Q_U^A] \tag{4-12}$$

式中:Q 为实测流量;W_A 为可调控的区间宽度常量;Q_L^A 为基于绝对宽度的理想下限流量;Q_U^A 为基于绝对宽度的理想上限流量。

W_A 取固定流量值,使得理想上下限绝对宽度 $Q_U^A - Q_L^A = W_A$。

4.4.1.2　基于相对宽度的理想上下限构造方法

$$Q_L^R = Q - \frac{W_R}{2}$$
$$Q_U^R = Q + \frac{W_R}{2} \tag{4-13}$$

$$Q \in [Q_L^R, Q_U^R] \tag{4-14}$$

式中:Q 为实测流量;W_R 为可调控的相对宽度值;Q_L^R 为基于相对宽度的理想下限流量;Q_U^R 为基于相对宽度的理想上限流量。

W_R 的取值依赖于 Q,例如可取 $W_R = 0.3Q$,则理想上下限区间的相对宽度即为

$$(Q_U^R - Q_L^R)/Q = 0.3 \tag{4-15}$$

4.4.2　多元线性回归模型简介

根据断面实测流量数据和理想的上下限序列,确定回归模型的参数,计算回归参数,分别得到理想上下限的预报结果,生成实测流量的预报区间。

多元线性回归模型原理:

$$Q = b + a_1 Q_1 + a_2 Q_2 + \cdots + a_k Q_k + \varepsilon \tag{4-16}$$

式中:k 为影响因子个数;$Q_i(i=1,2,\cdots,k)$ 为具体影响因子;b 为模型的常数项;$a_i(i=1,2,\cdots,k)$ 为相应各因子的回归系数;ε 为误差项。

以误差平方和 $\sum \varepsilon^2$ 最小为目标,用最小二乘法求解多元线性回归模型的参数。

4.4.3　基于理想边界的多元线性回归预报模型简介

基于理想上下限的多元线性回归区间预报模型先用相对宽度或绝对宽度定义理想的上下限,并以该理想边界为目标,应用最小二乘法原

则采用多元线性回归模型构造上下限预报模型，实现区间径流预报。具体流程图见图 4-5，其步骤为：

（1）确定理想上下限的宽度参数。

（2）根据理想宽度和实测流量构造理想的上限和下限。

（3）分别根据理想的上限和下限，以最小二乘法为原则，求解各个相关因子的线性回归参数。

（4）根据回归参数计算预报区间，采用以 *PICP*、*PIRAW* 和 *PIS* 为指标的 *CWSC* 准则为目标函数计算精度，达到精度要求，输出模型参数和预报结果。否则，重新调整宽度参数，重复步骤（2）（3）（4）。

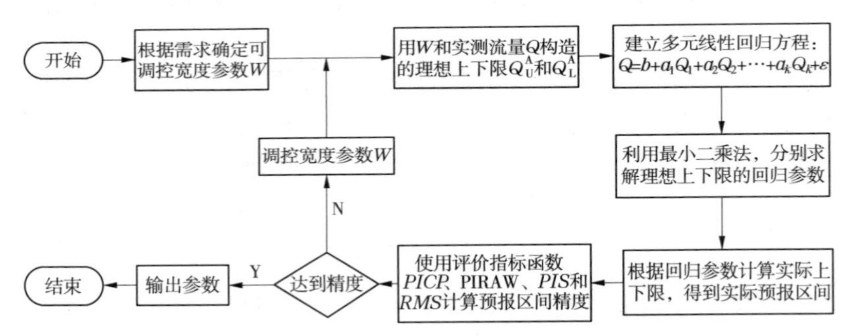

图 4-5　基于理想边界和多元线性回归的上下限区间水文预报方法流程

4.4.4　实例应用与结果分析

4.4.4.1　研究流域概况

为实现模型预报结果对比，本节中研究流域仍采用长江上游地区，流域概况见 4.3.3.1 部分。

4.4.4.2　预报结果及分析

对应 $W=0.30$、0.32、0.34 的各理想上下限边界多元线性回归模型的参数如表 4-2 所示。其中，Intercept 是回归模型的截距，t 是预报时刻，YC_{t-1}代表宜昌站 $t-1$ 时刻流量，YC_{t-2}代表宜昌站 $t-2$ 时刻流量，PS_{t-1}代表屏山站 $t-1$ 时刻流量，GC_{t-3}代表高场站 $t-3$ 时刻流量，BB_{t-2}代表北碚站 $t-2$ 时刻流量，WL_{t-2}代表武隆站 $t-2$ 时刻流量，LJW_{t-3}代表李家湾站 $t-3$ 时刻流量。从表 4-2 中可以看出，三种线性回归区间模型的相关性最强的因子都是 YC_{t-1}，相反与 YC_{t-2}是负相关的关系，与 PS_{t-1}、GC_{t-3}、BB_{t-2}、WL_{t-2}、LJW_{t-3}的相关性较小。并且上限预报与 YC_{t-1}的系数明显都大于下限预报模型，这是因为上限是实测流量放大后的结果。

表 4-2　基于理想上下限的多元线性回归模型参数

参数	W=0.30		W=0.32		W=0.34	
	下限	上限	下限	上限	下限	上限
Intercept	1 274.3	1 724.0	1 259.3	1 739.0	1 244.3	1 754.0
YC_{t-1}	1.322 6	1.789 4	1.307 1	1.805 0	1.291 5	1.820 5
YC_{t-2}	−0.721 2	−0.533 1	−0.727 5	−0.526 8	−0.733 8	−0.520 5
PS_{t-1}	0.016 3	0.022 0	0.016 1	0.022 2	0.015 9	0.022 4
GC_{t-3}	0.000 8	0.001 1	0.000 8	0.001 1	0.000 8	0.001 1
BB_{t-2}	0.015 3	0.020 7	0.015 1	0.020 9	0.014 9	0.021 0
WL_{t-2}	0.027 9	0.037 7	0.027 6	0.038 1	0.027 2	0.038 4
LJW_{t-3}	0.008 6	0.011 6	0.008 5	0.011 7	0.008 4	0.011 8

采用 BP 神经网络的上下限区间水文预报方法（BP-LUBE）和不同相对宽度的理想上下限多元线性回归模型区间水文预报方法（MLR-LUBE）预报宜昌站流量序列，其精度评定结果如表 4-3 所示，表中 W 为理想区间的相对宽度。

表 4-3　上下限区间水文预报精度评定结果

模型	时段	*PICP* (%)	*PIRAW* (%)	*PIS* (%)	*RMSE* (m^3/s)
BP-LUBE	率定期	93.4	33.9	21.4	2 432.82
	检验期	93.2	34.6	21.0	2 370.34
MLR-LUBE (W=0.30)	率定期	93.9	30.3	20.2	2 189.74
	检验期	92.4	30.4	20.7	2 217.68
MLR-LUBE (W=0.32)	率定期	94.6	32.3	19.0	2 189.74
	检验期	93.4	32.4	19.4	2 217.68
MLR-LUBE (W=0.34)	率定期	95.3	34.3	17.9	2 189.74
	检验期	94.4	34.4	18.2	2 217.68

表4-3列出了理想区间相对宽度分别为0.30、0.32和0.34时，多元线性回归区间预报模型的预报效果。从表4-3中可以看出，理想区间相对宽度为0.30时，多元线性回归区间预报方法在率定期PICP值93.9%比BP-LUBE方法统计结果93.4%大，*PIRAW*、*PIS*、*RMSE*均比BP-LUBE方法统计结果值小。在检验期时，*PICP*、*PIRAW*、*PIS*、*RMSE*均比BP-LUBE方法统计结果值小。相应地，在理想区间相对宽度为0.32和0.34时，率定期和检验期的*PICP*值都大于BP-LUBE方法，*PIRAW*、*PIS*、*RMSE*均比BP-LUBE方法统计结果值小。因为区间预报的目标是*PICP*最大，*PIRAW*、*PIS*、*RMSE*最小。所以，多元线性回归区间预报方法仅在理想区间相对宽度为0.30时，检验期包含率稍低于BP-LUBE方法，其余时期的各指标预报效果都优于BP-LUBE方法，这表明多元线性回归区间预报方法较BP-LUBE方法预报精度更高，能够提供更精确的水文预报结果。

同时，对比不同理想区间宽度的MLR-LUBE预报结果，*PIRAW*都近似等于理想区间宽度，这说明多元线性回归模型区间预报方法达到了预期的预报效果。此外，随着理想区间宽度的增大，*PICP*都变大，这与区间预报方法的*PICP*和*PIRAW*含义和实际情况相符。

为了说明宜昌站t时刻预报流量与相应预报因子的关系，本书将理想宽度为0.16的MLR-LUBE模型上限预报结果、理想上限与各相关预报因子的实测流量做图(见图4-6)，横坐标分别是宜昌站$t-1$、宜昌站$t-2$、屏山站$t-1$、高场站$t-3$、北碚站$t-2$、武隆站$t-2$、李家湾站$t-3$时刻的实测流量，纵坐标是理想上限流量和预报上限流量。从图4-6中可以看出，宜昌站理想上限和预报上限的流量与宜昌站$t-1$、$t-2$时刻的线性关系最密切，随着预见期的延长，线性关系减弱。而屏山站、高场站、北碚站、武隆站、李家湾站的流量则与宜昌站理想上限和预报上限流量关系不密切，其中李家湾站和武隆站因为位于支流上且流量较小，所以与宜昌站的相关性较弱。

长江流域曾在1954年和1998年爆发大洪水，给沿岸带来很大经济损失。本书选取1954年和1998年汛期流量预报结果进行讨论。图4-7是当$W=0.32$时，1954年和1998年汛期6月4日至9月30日的

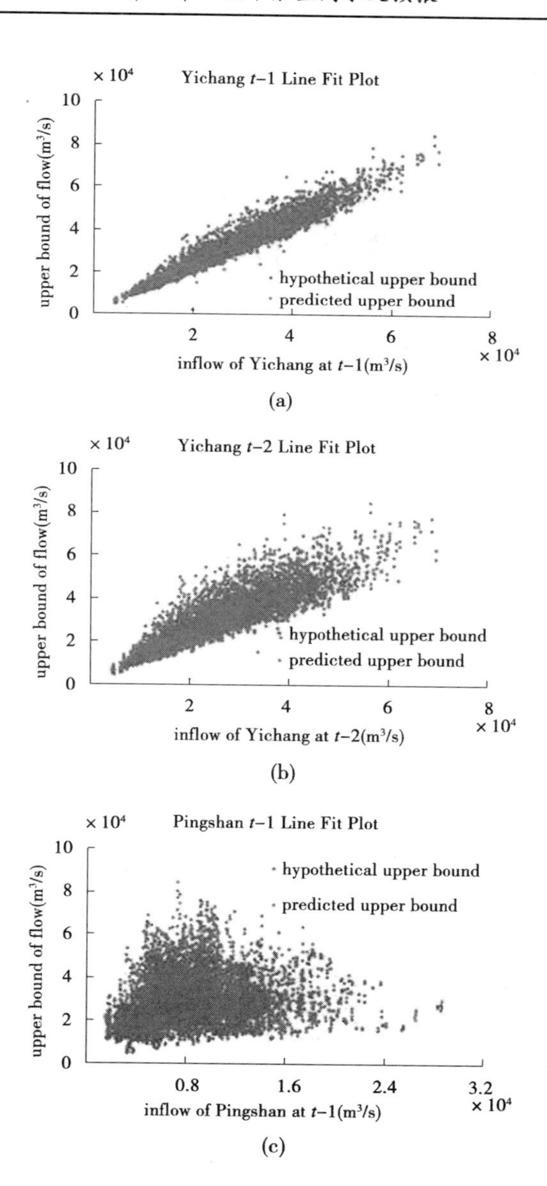

图 4-6　$W=0.32$ 时 MLR-LUBE 模型的上限线性回归模型拟合理想上边界对照

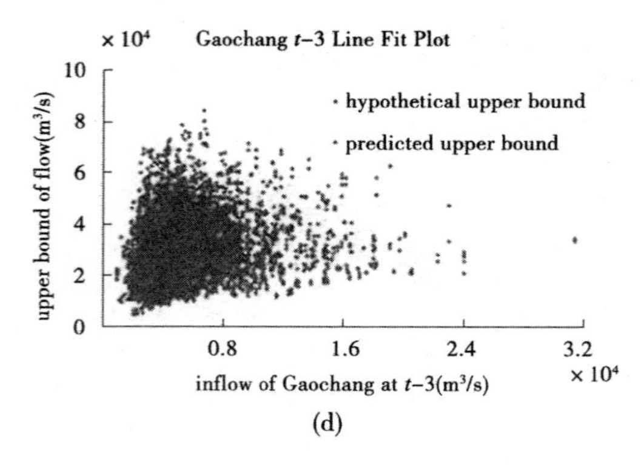
× 10⁴
Gaochang t–3 Line Fit Plot
hypothetical upper bound
predicted upper bound
upper bound of flow(m³/s)
10
8
6
4
2
0
0.8
1.6
2.4
3.2
× 10⁴
inflow of Gaochang at t–3(m³/s)

(d)

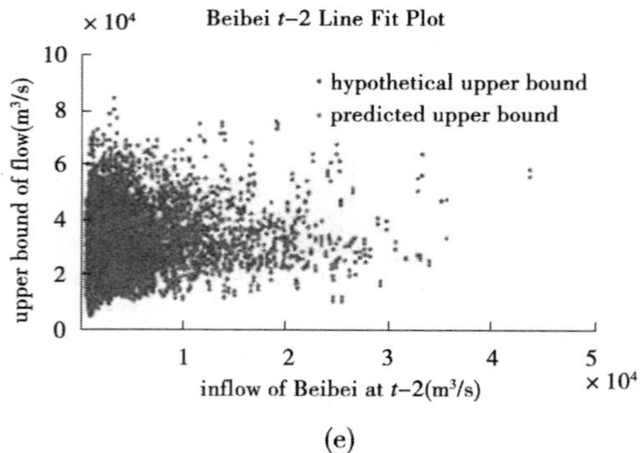
× 10⁴
Beibei t–2 Line Fit Plot
hypothetical upper bound
predicted upper bound
upper bound of flow(m³/s)
10
8
6
4
2
0
1
2
3
4
5
× 10⁴
inflow of Beibei at t–2(m³/s)

(e)

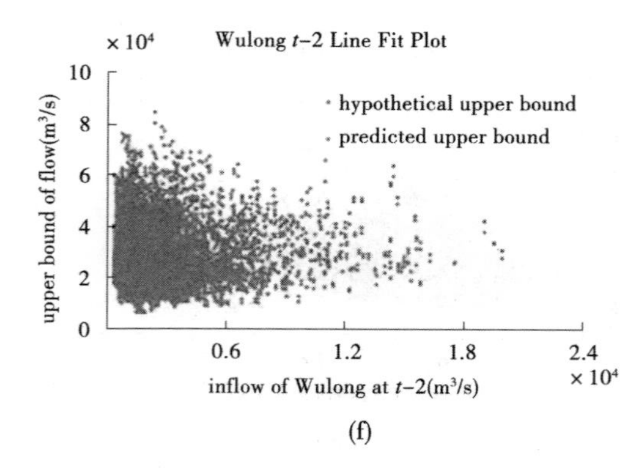
× 10⁴
Wulong t–2 Line Fit Plot
hypothetical upper bound
predicted upper bound
upper bound of flow(m³/s)
10
8
6
4
2
0
0.6
1.2
1.8
2.4
× 10⁴
inflow of Wulong at t–2(m³/s)

(f)

续图 4-6

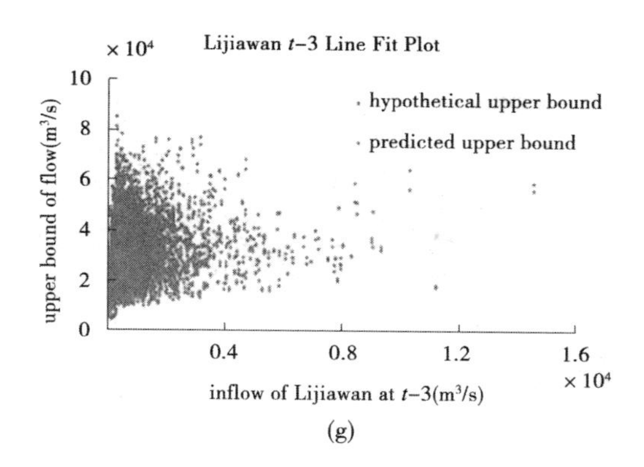

(g)

续图 4-6

多元线性回归模型上下限区间预报结果。从图 4-7 中可以看出,区间预报能够很好地覆盖实测流量,并且有较好的对称性。在汛期发生大洪水尤其当流量大于 40 000 m^3/s 时,在场次洪水的起涨期和消落期,实测流量更接近于上限。在洪峰时刻,流量则更接近于上下限中间的平均值。

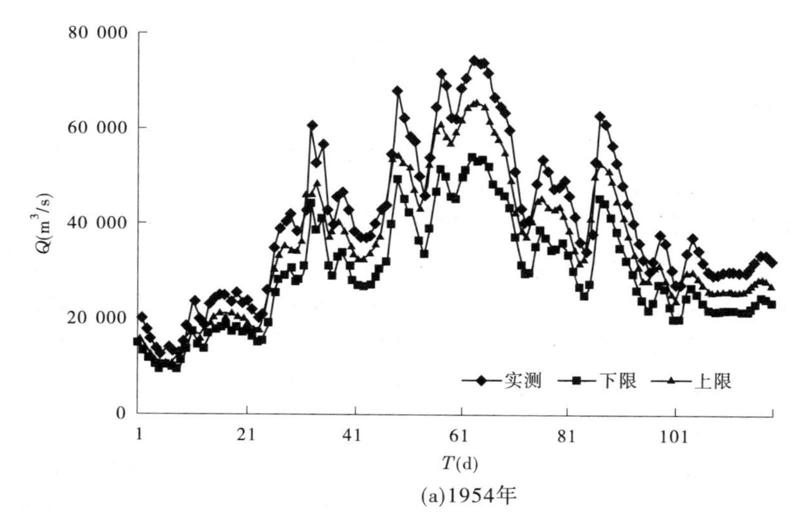

(a)1954年

图 4-7 $W=0.32$ 时 MLR-LUBE 模型预报的 1954 年和 1998 年汛期流量

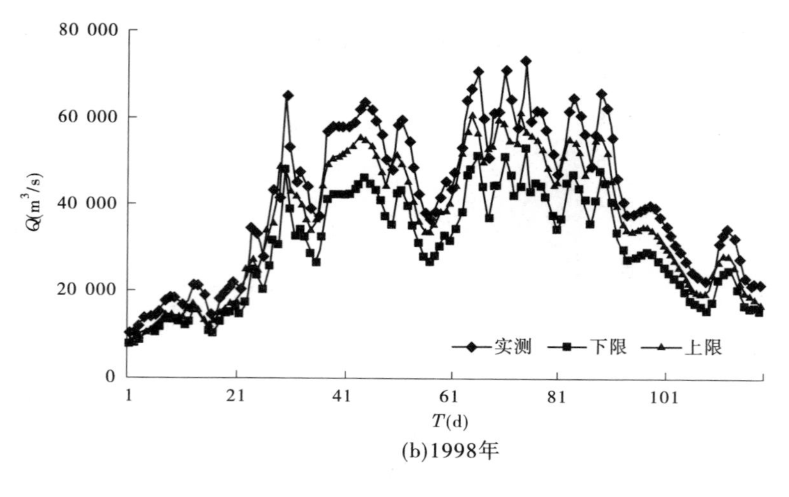

(b)1998年

续图 4-7

4.5 本章小结

本章选取长江上游 6 个水文站共 55 年流量数据作为输入,利用区间包含率、区间宽度和对称性作为指标进行组合的 CWSC 罚函数作为目标函数,应用实部编码的遗传算法进行参数优选,提出了两种区间的水文预报模型,以在节省预报时间和保证模型适用性的前提下,取得较高区间水文预报精度。一种是引入小波分析的方法对输入数据进行消噪处理,采用投影寻踪回归模型构造区间上下限,实现小波分析-投影寻踪回归模型上下限区间预报。另一种是基于理想边界和多元线性回归的上下限区间水文预报方法,先用相对宽度或绝对宽度定义理想的上下限,并以该理想边界为目标,应用最小二乘法原则采用多元线性回归模型构造上下限预报模型,实现区间径流预报。本章取得的主要结论概括如下:

(1)小波分析-投影寻踪回归模型上下限区间预报结果说明小波消噪处理的投影寻踪区间预报模型与 BP 神经网络模型预报效果相当,优于仅用投影寻踪回归模型的区间预报模型。小波分析-投影寻踪回归模型有更明确的模型结构，在模型参数和模型结构的改进方面，可以避免过拟合等情况。

（2）采用多元线性回归模型构造上下限区间的方法计算简单便捷，同时避免了参数优化算法搜索过程和局部最优的问题，明显地缩短了模拟时间和预报时间。

（3）本章提出的模型最大限度地减少了预报误差，与 BP 神经网络模型构造的区间预报结果相比具有较高的预报精度，表现出较好的预报效果。

（4）本章提出一种根据相对宽度和绝对宽度构造理想上下限边界的方法。以此理想上下限边界为目标，依据最小二乘法原则构建多元线性回归上下限模型，实现区间流量预报。该构造理想上下限边界方法可以根据管理者的要求迅速做出反应，实现各种可信度下的区间水文预报，为流域和水库管理者提供数据支撑。

第 5 章 中长期水文预报

5.1 中长期水文预报模型

5.1.1 BP 神经网络模型

5.1.1.1 模型简介

BP(Back Propagation)神经网络是 1986 年由 Rumelhart 和 McCelland 为首的科学家小组提出,是一种按误差逆传播算法训练的多层前馈网络,是目前应用最广泛的神经网络模型之一。BP 神经网络能够将大量输入映射到输出的模式关系进行训练学习和存储,而且无须通过数学方程式的形式进行该映射关系的阐述。BP 神经网络采用最速下降法作为训练的学习规则,通过反向传播的方式进行网络权值和阈值的调整,以满足网络训练的误差平方和为最小的目标。BP 神经网络模型的拓扑结构可以分为三个层次:输入层(input layer)、隐含层(hide layer)和输出层(output layer),其具体结构关系如图 5-1 所示。

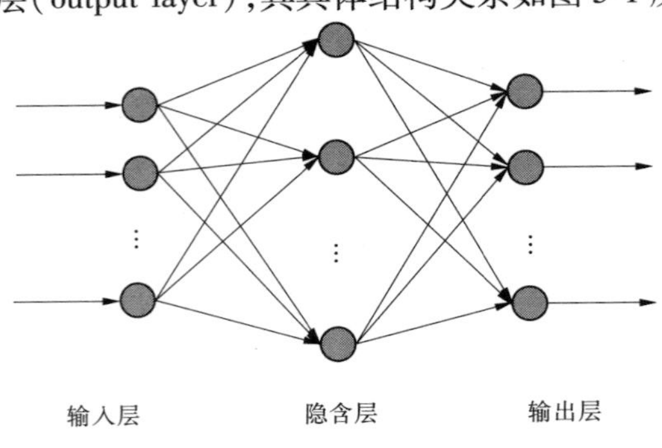

图 5-1 BP 神经网络结构关系

5.1.1.2　基本算法流程

BP 神经网络算法由前向计算数据流(正向传播)及反向传播误差信号这两个过程组成。正向传播时,数据流传播方向为输入层→隐层→输出层,并且每层神经元的状态仅对下一层的神经元形成单独的影响。当输出层得不到期望的输出时,神经网络则开启误差信号的反向传播流程。通过交替进行这两个过程,BP 神经网络模型在权向量空间采用误差函数梯度下降的策略,动态迭代搜索一组权向量,使该向量满足网络误差函数优化到最小值,达到完成信息提取和记忆的目的。

假设 BP 神经网络的输入层有 n 个神经元作为输入,隐含层神经元个数取为 p 个,输出层的神经元个数为 q,即神经网络的输入向量表示为 $X=(x_1,x_2,\cdots,x_n)$,隐含层的输入向量可表示为 $hi=(hi_1,hi_2,\cdots,hi_p)$,隐含层的输出向量可表示为 $ho=(ho_1,ho_2,\cdots,ho_p)$,输出层的输入向量可表示为 $yi=(yi_1,yi_2,\cdots,yi_q)$,输出层的输出向量可表示为 $yo=(yo_1,yo_2,\cdots,yo_q)$,最终期望的输出向量表示为 $d_o=(d_1,d_2,\cdots,d_q)$。假设 w_{ih}代表输入层与中间层的连接权值,w_{ho}代表隐含层与输出层的连接权值,假设 b_h 为隐含层各神经元的阈值,b_o 为输出层各神经元的阈值,神经网络模型的训练样本数据个数是 $k=1,2,\cdots,m$,采用 $f(\cdot)$表示神经网络模型的激活函数,则神经网络模型的误差函数表示为

$$e=\frac{1}{2}\sum_{o=1}^{q}\left(d_o(k)-yo_o(k)\right)^2 \tag{5-1}$$

网络学习的具体步骤如下:

(1)神经网络初始化。首先给随机产生各连接权值,设定训练的误差项函数 e,给定训练计算的误差精度值 ε 和最大学习次数 M。

(2)选取输入的样本如式(5-2)及对应的期望输出(5-3)。

$$X(k)=(x_1(k),x_2(k),\cdots,x_n(k)) \tag{5-2}$$

$$d_o(k)=(d_1(k),d_2(k),\cdots,d_q(k)) \tag{5-3}$$

(3)进入隐含层计算隐含层内各神经元的输入及输出,表示为式(5-4)。

$$\begin{aligned}
&hi_h(k)=\sum_{i=1}^{n}w_{ih}x_i(k)-b_h \qquad h=1,2,\cdots,p\\
&ho_h(k)=f(hi_h(k)) \qquad h=1,2,\cdots,p\\
&yi_o(k)=\sum_{h=1}^{p}w_{ho}ho_h(k)-b_o \qquad o=1,2,\cdots,q\\
&yo_o(k)=f(yi_o(k)) \qquad o=1,2,\cdots,q
\end{aligned} \tag{5-4}$$

(4)根据 BP 神经网络模型的模型输出和期望输出，推算模型计算的误差函数项对输出层内各神经元的偏导数 $\delta_o(k)$，偏导数的推导过程如式(5-5)所示。

$$\frac{\partial e}{\partial w_{ho}}=\frac{\partial e}{\partial yi_o}\frac{\partial yi_o}{\partial w_{ho}}$$

$$\frac{\partial yi_o(k)}{\partial w_{ho}}=\frac{\partial(\sum_{h}^{p}w_{ho}ho_h(k)-b_o)}{\partial w_{ho}}=ho_h(k)$$

$$\begin{aligned}
\frac{\partial e}{\partial yi_o}&=\frac{\partial(\frac{1}{2}\sum_{o=1}^{q}(d_o(k)-yo_o(k)))^2}{\partial yi_o}\\
&=-(d_o(k)-yo_o(k))yo'_o(k)\\
&=-(d_o(k)-yo_o(k))f'(yi_o(k))\\
&\triangleq-\delta_o(k)
\end{aligned} \tag{5-5}$$

(5)综合运用隐含层到输出层的连接权值、隐含层的输出值和输出层的偏导数 $\delta_o(k)$ 来推算误差函数对隐含层内各神经元的偏导数 $\delta_h(k)$，其推导过程如式(5-6)和式(5-7)所示。

$$\begin{cases}
\dfrac{\partial e}{\partial w_{ho}}=\dfrac{\partial e}{\partial yi_o}\dfrac{\partial yi_o}{\partial w_{ho}}=-\delta_o(k)ho_h(k)\\[2ex]
\dfrac{\partial e}{\partial w_{ih}}=\dfrac{\partial e}{\partial hi_h(k)}\dfrac{\partial hi_h(k)}{\partial w_{ih}}\\[2ex]
\dfrac{\partial hi_h(k)}{\partial w_{ih}}=\dfrac{\partial(\sum_{i=1}^{n}w_{ih}x_i(k)-b_h)}{\partial w_{ih}}=x_i(k)
\end{cases} \tag{5-6}$$

$$\begin{aligned}
\frac{\partial e}{\partial hi_h(k)} &= \frac{\partial\left(\frac{1}{2}\sum_{o=1}^{q}(d_o(k)-yo_o(k))^2\right)}{\partial ho_h(k)}\frac{\partial ho_h(k)}{\partial hi_h(k)} \\
&= \frac{\partial\left(\frac{1}{2}\sum_{o=1}^{q}(d_o(k)-f(yi_o(k)))^2\right)}{\partial ho_h(k)}\frac{\partial ho_h(k)}{\partial hi_h(k)} \\
&= \frac{\partial\left(\frac{1}{2}\sum_{o=1}^{q}((d_o(k)-f(\sum_{h=1}^{p}w_{ho}ho_h(k)-b_o)^2))\right)}{\partial ho_h(k)}\frac{\partial ho_h(k)}{\partial hi_h(k)} \\
&= -\sum_{o=1}^{q}(d_o(k)-yo_o(k))f'(yi_o(k))w_{ho}\frac{\partial ho_h(k)}{\partial hi_h(k)} \\
&= -(\sum_{o=1}^{q}\delta_o(k)w_{ho})f'(hi_h(k)) \\
&\triangleq -\delta_h(k)
\end{aligned} \tag{5-7}$$

最后一行符号是“定义”符号,不是“等号”。

(6)采用隐含层各神经元的输出值及输出层各神经元的偏导 $\delta_o(k)$ 进行连接权值 $w_{ho}(k)$ 的修正,计算过程如式(5-8)所示。

$$\begin{cases}\Delta w_{ho}(k) = -\mu\dfrac{\partial e}{\partial w_{ho}} = \mu\delta_o(k)ho_h(k) \\ w_{ho}^{N+1} = w_{ho}^{N} + \eta\delta_o(k)ho_h(k)\end{cases} \tag{5-8}$$

(7)采用输入层各神经元的输入值和隐含层各神经元的偏导 $\delta_h(k)$ 修正输入层到隐含层的连接权值,计算过程表示为式(5-9)。

$$\begin{cases}\Delta w_{ih}(k) = -\mu\dfrac{\partial e}{\partial w_{ih}} = -\mu\dfrac{\partial e}{\partial hi_h(k)}\dfrac{\partial hi_h(k)}{\partial w_{ih}} = \delta_h(k)x_i(k) \\ w_{ih}^{N+1} = w_{ih}^{N} + \eta\delta_h(k)x_i(k)\end{cases} \tag{5-9}$$

(8)计算网络训练的全局误差,可表示为式(5-10)。

$$E = \frac{1}{2m}\sum_{k=1}^{m}\sum_{o=1}^{q}(d_o(k)-y_o(k))^2 \tag{5-10}$$

(9)根据误差精度值 ε 判断网络误差是否达到精度要求。若误差达到预设的计算精度或者学习次数达到了最大进化次数,则结束 BP

神经网络算法的训练。反之,返回到第(3)步重新计算各层次的连接权值等,进入下一轮的 BP 神经网络学习。

经训练获得的 BP 神经网络模型即可用于水文预报,将现有的资料输入该神经网络模型,则相应的输出即为相应的预测值。

5.1.2　Elman 神经网络模型

Elman 神经网络是 J. L. Elman 于 1990 年针对语音处理问题而首先提出来的,是一个具有局部记忆单元和反馈连接的前向神经网络,它是一种典型的局部回归网络模型(Global Feed Forward Local Recurrent)。Elman 网络的多层结构与多层前向网络相似。

Elman 网络的主要结构为输入层、隐含层、输出层和承接层四层,如图 5-2 所示。Elman 网络通过进化学习修正前馈连接的连接权值;其反馈连接通过一组权值固定不变的"结构"单元实现对前一时刻输出值的记忆。在 Elman 网络中,还有一个关联层即承接层,可以将其看作特别的隐含层,该层从隐含层接收反馈信号,每一个隐含层节点都有与之对应的关联层节点进行连接。关联层的作用就是通过关联记忆将上一时刻的隐层状态连同当前时刻的网络输入值一起作为隐层的输入值,相当于进行了状态反馈。隐层的传递函数采用非线性函数,一般采用 Sigmoid 函数,输出层和关联层采用线性函数。

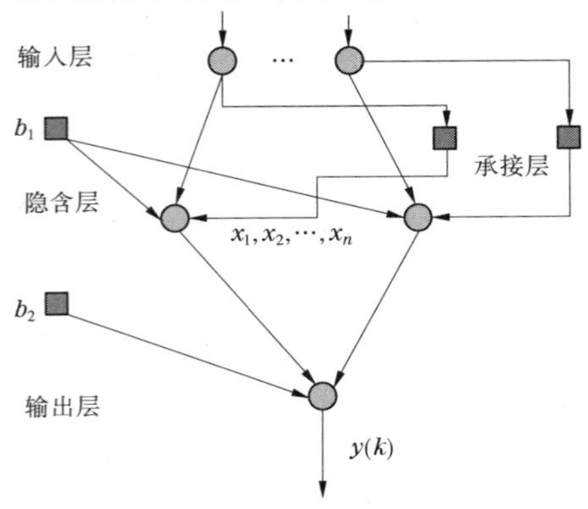

图 5-2　Elman 神经网络

Elman 回归神经网络通过加入内部反馈网络即承接层的延迟与存储，将隐含层的输出自联到隐含层的输入，来提高模型处理动态信息的能力，实现动态建模。此外，Elman 回归神经网络仅对历史状态的数据产生敏感，不考虑外部噪声对系统的具体影响，因此只须给出系统的输入、输出数据就可以实现系统建模，能够以任意精度逼近任意的非线性映射。

按照图 5-2 的结构，Elman 神经网络模型的三个非线性状态空间可以表达为式(5-11)～式(5-13)：

$$y(k) = g(w^3 x(k) + b_2) \tag{5-11}$$

$$x(k) = f(w^1 x_c(k) + w^2 u(k-1) + b_1) \tag{5-12}$$

$$x_c(k) = x(k-1) \tag{5-13}$$

式中：k 代表当前计算时刻；y、x、u、x_c 分别为一维输出向量、m 维隐含层向量、n 维输入向量和 m 维反馈状态向量；w^1、w^2、w^3 分别为承接层到隐含层、输入层到隐含层、隐含层到输出层的连接权值；$f(\cdot)$ 为隐含层各神经元的传递函数；$g(\cdot)$ 为输出层的传递函数；b_1、b_2 分别为输入层及隐含层的阈值。

Elman 神经网络采用优化梯度下降算法，即通过自适应学习速率及动量梯度下降进行反向传播计算，这种方法不仅能够提高网络的训练速度，还能够有效降低网络陷入局部最优的可能。Elman 神经网络学习通过采用模型输出值和期望输出值的误差项来反向修正各层网络的权值和阈值，以使网络输出层的误差平方和最小。假设系统第 k 步学习的实际输出向量为 $y_d(k)$，则在给定的时间段$[0,T]$内，定义的误差函数项可表示为

$$E = \frac{1}{2}\sum_{k=1}^{T}[y_d(k) - y(k)]^2 \tag{5-14}$$

以 w^3、w^2 为例，分别求 E 对 w^3、w^2 的偏导，则权值修正公式可表示为式(5-15)、式(5-16)：

$$\Delta w_{1j}^3(k+1) = (1-mc)\eta(y_d(k) - y(k))g'(\cdot)x_j(k) + mc\Delta w_{1j}^3(k) \tag{5-15}$$

$$\Delta w_{jq}^2(k+1) = (1-mc)\eta(y_d(k) - y(k))f'_j(\cdot)u_q(k-1) + mc\Delta w_{jq}^2(k) \tag{5-16}$$

式中：η 为 Elman 神经网络的学习速率；mc 为假定的动量因子，通常情况下为 0.9。

通过承接层的连接，在神经网络迭代计算时不仅包含了当前的梯度方向，还考虑了前一时刻的梯度方向，因此极大程度地降低了 Elman 神经网络模型性能对参数的敏感性，同时有效地减小了算法陷入局部最小的可能性。

5.1.3　多元线性回归模型

建立多元线性回归方程：假设经过主成分分析，已经挑选到 k 个预报因子 $X_1, X_2, \cdots, X_k$，通过回归分析建立这些预报因子与预报对象 y 之间的关系。其数学模型为

$$y = \hat{y} + \varepsilon = \beta_0 + \beta_1 X_1 + \beta_2 X_2 + \cdots + \beta_k X_k + \varepsilon \tag{5-17}$$

式中：$y = [y_1, y_2, \cdots, y_n]^{\mathrm{T}}$ 为 y 的 n 次观测值；$\beta_0, \beta_1, \cdots, \beta_k$ 为回归系数，即预报系数；$X_i = [x_{1i}, x_{2i}, \cdots, x_{ni}]^{\mathrm{T}}$ 为实测预报因子的值；$\varepsilon = [\varepsilon_1, \varepsilon_2, \cdots, \varepsilon_n]^{\mathrm{T}}$ 为线性回归模型的残差项。

应用最小二乘法将式(5-17)可转换为方程组，如式(5-18)所示：

$$\begin{cases} n\beta_0 + \beta_1 \sum_{i=1}^{n} x_{1i} + \beta_2 \sum_{i=1}^{n} x_{2i} + \cdots + \beta_m \sum_{i=1}^{n} x_{mi} = \sum_{i=1}^{n} y_i \\ \beta_0 \sum_{i=1}^{n} x_{1i} + \beta_1 \sum_{i=1}^{n} x_{1i}^2 + \beta_2 \sum_{i=1}^{n} x_{1i} x_{2i} + \cdots + \beta_m \sum_{i=1}^{n} x_{1i} x_{mi} = \sum_{i=1}^{n} x_{1i} y_i \\ \beta_0 \sum_{i=1}^{n} x_{2i} + \beta_1 \sum_{i=1}^{n} x_{1i} x_{2i} + \beta_2 \sum_{i=1}^{n} x_{2i}^2 + \cdots + \beta_m \sum_{i=1}^{n} x_{2i} x_{mi} = \sum_{i=1}^{n} x_{2i} y_i \\ \vdots \\ \beta_0 \sum_{i=1}^{n} x_{mi} + \beta_1 \sum_{i=1}^{n} x_{1i} x_{mi} + \beta_2 \sum_{i=1}^{n} x_{2i} x_{mi} + \cdots + \beta_m \sum_{i=1}^{n} x_{mi}^2 = \sum_{i=1}^{n} x_{mi} y_i \end{cases} \tag{5-18}$$

根据最小二乘法估计可得：$y(k) = g(w^3 x(k) + b_2)$，$\beta_0, \beta_1, \cdots, \beta_k$ 确定后，根据式(5-17)对预报时段进行预报，同时可以对训练样本进行模拟并统计合格率。

5.2　主成分分析筛选预报因子模型

主成分分析(Principal Component Analysis,PCA)是研究多个变量间相关性的一种多元统计方法,通过少数几个主分量(原始变量的线性组合)解析多变量的方差,即导出少数几个主分量,使他们尽可能完整地保留原始变量的信息,且彼此不相关,以达到简化数据和降维的目的。本书采用主成分分析法进行中长期预报模型水文预报因子的选择,将重新组合的预报因子应用于多元线性回归、BP 神经网络模型、Elman 神经网络模型。

5.2.1　主成分分析原理

设初始的变量指标为 $X_1,X_2,\cdots,X_p$,新的综合指标为 $Z_1,Z_2,\cdots,Z_m$ $(m\leqslant p)$,则主成分分析原理可表示为

$$\begin{cases} Z_1 = l_{11}x_1 + l_{12}x_2 + \cdots + l_{1p}x_p \\ Z_2 = l_{21}x_1 + l_{22}x_2 + \cdots + l_{2p}x_p \\ \qquad\qquad \vdots \\ Z_m = l_{m1}x_1 + l_{m2}x_2 + \cdots + l_{mp}x_p \end{cases} \tag{5-19}$$

式中:$Z_1,Z_2,\cdots,Z_m$ 为 $X_1,X_2,\cdots,X_p$ 所对应的 m 个主成分;系数矩阵 $\boldsymbol{L}$ 为载荷矩阵。

其中,Z_i 与 $Z_j(i\neq j)$ 相互无关;Z_1 为 $X_1,X_2,\cdots,X_p$ 的线性组合且在所有线性组合中方差最大,Z_2 为与 Z_1 不相关的 $X_1,X_2,\cdots,X_p$ 的线性组合且在所有线性组合中方差最大,以此类推。

5.2.2　具体计算步骤

5.2.2.1　样本数据处理

有 n 个实测流量系列 p 个预报因子,第 i 个流量第 j 个因子为 a_{ij},则样本可用数据矩阵(5-20)表示:

$$\begin{pmatrix} a_{11} & a_{12} & \cdots & a_{1p} \\ a_{21} & a_{22} & \cdots & a_{2p} \\ \vdots & \vdots & & \vdots \\ a_{n1} & a_{n2} & \cdots & a_{np} \end{pmatrix} \tag{5-20}$$

利用式(5-21)将样本数据标准化:

$$x_{ij} = \frac{a_{ij} - \bar{a}_j}{\sqrt{\mathrm{var}(a_j)}} \tag{5-21}$$

其中,$\bar{a}_j = \frac{1}{n}\sum_{i=1}^{n} a_{ij}$,$\mathrm{var}(a_j) = \frac{1}{n-1}\sum_{i=1}^{n}(a_{ij} - \bar{a}_j)^2$,标准化的数据矩阵如下:

$$\boldsymbol{X} = \begin{pmatrix} x_{11} & x_{12} & \cdots & x_{1p} \\ x_{21} & x_{22} & \cdots & x_{2p} \\ \vdots & \vdots & & \vdots \\ x_{n1} & x_{n2} & \cdots & x_{np} \end{pmatrix} = (x_1, x_2, \cdots, x_p) \tag{5-22}$$

其中,$x_j = (x_{1j}, x_{2j} \cdots, x_{nj})^{\mathrm{T}}$。

5.2.2.2　计算相关系数矩阵

式(5-23)为相关系数矩阵,其中 r_{ij} 为向量 x_i 和 x_j 的相关系数。

$$\boldsymbol{R} = \begin{pmatrix} r_{11} & r_{12} & \cdots & r_{1p} \\ r_{21} & r_{22} & \cdots & r_{2p} \\ \vdots & \vdots & & \vdots \\ r_{n1} & r_{n2} & \cdots & r_{np} \end{pmatrix} \tag{5-23}$$

$$r_{ij} = \frac{\mathrm{cov}(x_i, x_j)}{\sqrt{\mathrm{var}(x_i)\,\mathrm{var}(x_j)}} \tag{5-24}$$

式(5-25)为 x_i 和 x_j 的协方差关系式,x_i 的均值为式(5-26):

$$\mathrm{cov}(x_i, x_j) = \frac{1}{n-1}\sum_{k=1}^{n}(x_{ki} - \bar{x}_i)(x_{kj} - \bar{x}_j) \tag{5-25}$$

$$\bar{x}_i = \frac{1}{n}\sum_{k=1}^{n} x_{ki} \tag{5-26}$$

5.2.2.3　求相关系数矩阵 *R* 的特征值以及特征向量矩阵

由式(5-27)可求相关系数矩阵的特征值和特征向量,其特征值为:

$\lambda_1 \geqslant \lambda_2 \geqslant \cdots \geqslant \lambda_p \geqslant 0$,特征向量矩阵:$U=(u_1,u_2,\cdots,u_p)$。

$$\det(R - \lambda E) = 0 \tag{5-27}$$

5.2.2.4　求主成分的贡献率,确定预报因子

利用式(5-28)计算每个特征值的权重:

$$f_i = \lambda_i / \sum_{i=1}^{p} \lambda_i \tag{5-28}$$

前 k 个主成分的特征值累积贡献率则表示为

$$\alpha_k = \sum_{i=1}^{k} f_i \tag{5-29}$$

如果 α_k 超过 0.85,则说明前 k 个主成分已经基本涵盖全部指标的信息,因此可以只选取前 k 个主成分作为代表来进行分析。

5.2.2.5　计算主成分值

前 k 个主成分值表示为

$$z = (Xu_1, Xu_2, \cdots, Xu_k) = (z_1, z_2, \cdots, z_k) \tag{5-30}$$

5.3　实例应用与结果分析

5.3.1　研究流域概况

柘溪水库位于湖南省中部资水流域中游,距安化县东平市 12.5 km,水库控制流域面积 22 640 km^2。柘溪流域属东亚季风热带暖湿气候,夏季炎热多雨,冬季寒冷干燥,降雨主要集中在 4~6 月,60%的雨季结束于 6 月下旬至 7 月上旬,流域年平均降雨量约 1 400 mm。柘溪水库多年平均入流 586 m^3/s,实际运行正常蓄水位为 169.5 m,相应库容 30.2 亿 m^3,调节库容 22.58 亿 m^3,死水位 144 m,死库容 7.62 亿 m^3。

由于流域中长期历史资料匮乏,降雨资料缺测、漏测时间长,实测径流资料误差大,因而大大增加了中长期预报的难度;同时,流域非汛期基流量少,流量时空分布不均,这些特点很容易加大预报相对误差;此外,柘溪水库没有完整的调度规程,汛期流量受人为、天气因素影响较大,难以进行准确的中长期预报。因此,开发满足柘溪水库和相关生产部门所

需精度要求的柘溪水库中长期水文预报模型面临很大的挑战。

5.3.2　预报结果及分析

选择柘溪断面 1980~2012 年共 33 年的流量和降雨数据作为训练样本,预报因子包括:前 5 年同期流量、前 2 年的年平均流量、前 2 年的所在月平均流量、前 3 旬的流量、前 1 年的年降雨量。经过主成分分析进行组合后的模型输入预报因子个数,一般情况下为 7 个或 8 个预报因子。月尺度和季节尺度、汛期尺度、年尺度是在相应旬尺度的基础上进行统计计算得到的。

采用的 BP 神经网络和 Elman 神经网络模型输入层、隐含层和输出层神经元个数分别为 t 个、7 个和 1 个,t 为输入层神经元个数,是根据 PCA 进行预报因子组合取满足 85%贡献率的主成分个数,视各旬的具体情况而不同。BP 神经网络模型激活函数采用 Sigmoid 函数,规定的期望误差为 0.05,最多迭代次数为 3 000 次,学习效率定为 0.3。Elman神经网络模型,学习率 0.48,最小误差 0.001,迭代次数 3 000 次。检验期为 2013~2015 年 9 月,表 5-1 为多元线性回归模型、BP 神经网络模型、Elman 神经网络模型模拟预报结果。

表 5-1　柘溪率定期模拟结果统计

时段		平均相对误差(%)			时段		平均相对误差(%)		
		多元线性回归	BP 神经网络	Elman 神经网络			多元线性回归	BP 神经网络	Elman 神经网络
年		31.9	16.9	15.8	月份	4	29.1	15.4	16.8
汛期		36.7	19.8	17.9		5	37.2	21.0	17.9
季节	春	29.2	15.0	13.8		6	31.5	19.2	18.2
	夏	36.5	18.8	17.4		7	52.1	27.6	25.8
	秋	29.4	19.1	17.3		8	24.3	8.5	9.7
	冬	29.6	13.3	14.3		9	24.8	14.1	14.8
月份	1	25.4	14.7	13.8		10	17.9	6.7	6.7
	2	32.5	12.4	12.2		11	43.9	37.1	37.4
	3	19.5	8.5	9.0		12	31.8	22.6	22.5

5.3.2.1　三种模型预报年平均径流相对误差对比分析

预报年平均径流时，多元线性回归模型模拟的平均相对误差为 31.9%，预报的相对误差 2013 年为 7.2%，2014 年为 13.7%；BP 神经网络模型模拟的平均相对误差为 16.9%，模型 2013 年和 2014 年的预报相对误差为 7.5%和 26.0%；Elman 神经网络模型对年尺度，模型 2013 年和 2014 年的相对误差为 0.6%和 27.4%。

年平均径流的预报结果受径流年际变化、气候和人为因素影响较大，如 2014 年柘溪流域降雨量偏大导致径流量增大，各预报模型的预报误差均较大。另外，柘溪流域历史实测资料较短，水文预报模型模拟的样本数较少，也给模型预报带来一定程度的困难。综合表 5-1 和表 5-2的预报结果，多元线性回归模型率定期模拟结果稍差，检验期相对误差在 10%左右，预报结果很好，基本能够达到模型预报精度要求。BP 神经网络模型模拟和预报效果都较好，能够满足预报精度要求。Elman 神经网络模型预报与模拟的相对误差是一致的，预报效果较好，模型能够精确预报年平均流量。

5.3.2.2　三种模型预报汛期流量相对误差对比分析

预报汛期流量时，多元线性回归模型模拟平均相对误差为 36.7%，2013 年、2014 年和 2015 年预报结果相对误差为 25.6%、21.0% 和 23.5%；BP 神经网络模型 2013 年、2014 年和 2015 年的相对误差为 18.2%、33.9%和 17.6%，模拟平均相对误差为 19.8%；Elman 神经网络模型汛期尺度 2013 年、2014 年和 2015 年的相对误差为 8.5%、34.6% 和 11.6%，模拟平均相对误差为 17.9%。

柘溪流域汛期降雨受大气环流和季风影响较为显著，降雨在时间和空间上的差异性较大，此外，汛期流域水库的发电防洪调度都是水文预报误差存在的原因。多元线性回归模型预报相对误差最高为 25.6%，最低为 21.0%；BP 神经网络模型和 Elman 神经网络模型汛期预报效果都在 20.0%以下；考虑柘溪断面现有实测资料的精确度和资料长度有限，以及汛期流量波动大等因素，说明预报效果较好，三种模型都能够满足预报精度要求（见表 5-2）。

表 5-2　2013~2015 年柘溪检验期相对误差统计

时段		2013 年三模型相对误差(%)			2014 年三模型相对误差(%)			2015 年三模型相对误差(%)		
		多元线性回归	BP 神经网络	Elman 神经网络	多元线性回归	BP 神经网络	Elman 神经网络	多元线性回归	BP 神经网络	Elman 神经网络
年		7.2	7.5	0.6	13.7	26.0	27.4	—	—	—
汛期		25.6	18.2	8.5	21.0	33.9	34.6	23.5	17.6	11.6
季节	春	5.7	21.0	26.5	4.4	22.6	25.5	35	21	25.7
	夏	65.9	87.4	69.9	27.0	32.7	29.6	10	19	12.8
	秋	41.9	29.2	28.4	15.4	28.7	38.8	—	—	—
	冬	12.1	4.4	8.5	30.8	4.5	3.8	—	—	—
月份	1	6.9	0	20.7	74.3	56	37.6	12.5	12.5	43.7
	2	71.8	22.2	6.9	51.8	16.7	8.9	66	81.1	40.8
	3	7.9	9.3	13.6	24.7	16.3	18.4	19.5	0	2.5
	4	0.3	25.0	37.8	7.0	18.3	23.9	36.4	26.2	28.7
	5	16.7	22.2	21.3	22.9	40.7	44.1	50.5	45.8	31.9
	6	83.6	74.5	51.0	1.7	6.5	3.2	6.9	10.8	10.0
	7	90.2	123.5	118.8	51.6	59.2	59.2	3.8	15.7	0.6
	8	13.4	69.8	49.8	27.4	22.7	25.8	24.2	38.8	34.4
	9	64.1	53.1	50.3	34.7	45.2	50.4	36.7	33.2	36.7
	10	22.1	59.2	48.6	34.7	1.6	6.7	—	—	—
	11	27.0	27.0	23.3	21.0	25.9	43.2	—	—	—
	12	33.1	10.8	10.8	11.8	32.8	37	—	—	—

5.3.2.3　三种模型预报季节平均流量相对误差对比分析

预报季节平均流量时,多元线性回归模型春、夏、秋、冬模拟结果的平均相对误差最大为 36.5%,最小为 29.2%;BP 神经网络模型春、夏、秋、冬模拟结果的平均相对误差在 20.0%以下;Elman 神经网络模型春、夏、秋、冬模拟结果的平均相对误差最小为 13.8%,最大为 17.4%。

柘溪流域属东亚季风气候,降水有明显的季节变化,夏、秋季节降水多且年际流量波动较大,预报模型的误差稍大,秋、冬季节降水量较稳定,预报效果较好。多元线性回归模型相对误差较大;BP 神经网络模型和 Elman 神经网络模型2013年、2014年和2015年正常季节预报效果都在20.0%以下，预报效果较好。2013年夏季和2015年春季预报效果次于其他季节。这是因为2013年夏季和2015年春季流量偏小，难以通过历史资料的统计规律进行预报。总体而言，春、冬季节预报效果较好，夏、秋季节因为年际流量波动较大，预报效果略次于春、冬两季；整体来看，除异常年份外，预报效果满足精度要求。

5.3.2.4　三种模型预报月径流相对误差对比分析

预报月径流时，多元线性回归模型模拟结果的平均相对误差在20%~30%；BP 神经网络模型平均相对误差除7月和11月外都小于25%，最小为6.7%，模型将大部分月份的径流预报相对误差控制在20%以内；Elman 神经网络模型将大部分月份的径流预报相对误差控制在25%以内。

多元线性回归模型除汛期个别月份效果偏差稍大外，大部分月份预报结果相对误差稳定在30%左右，比其他两种模型要大。柘溪4月模拟结果见图5-3，对比实测值与模拟结果来看，模拟结果的总体趋势是一致的，但部分年份相对误差偏大。以7月训练样本的实测值和预报值为例，BP 神经网络模型和 Elman 神经网络模型模拟结果(见图5-4和图5-5)都能够达到精度要求。由图5-3~图5-5可知，模拟值与实测流

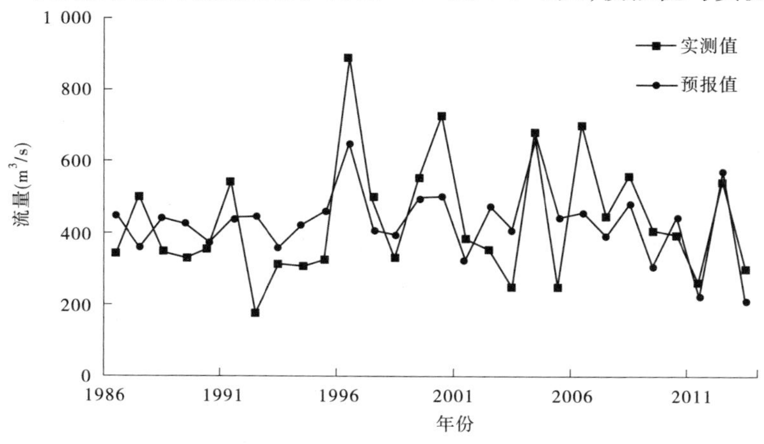

图5-3　多元线性回归模型柘溪4月样本模拟结果

量的趋势一致，模拟效果很好，可以用于作业预报。由于汛期流量受天气因素、人为调控等的影响很大，因此流量波动幅度大，难以通过历史资料的统计规律进行预报，所以汛期各月预报效果稍差于其他月份，但仍然可以作为水库调度的参考依据。

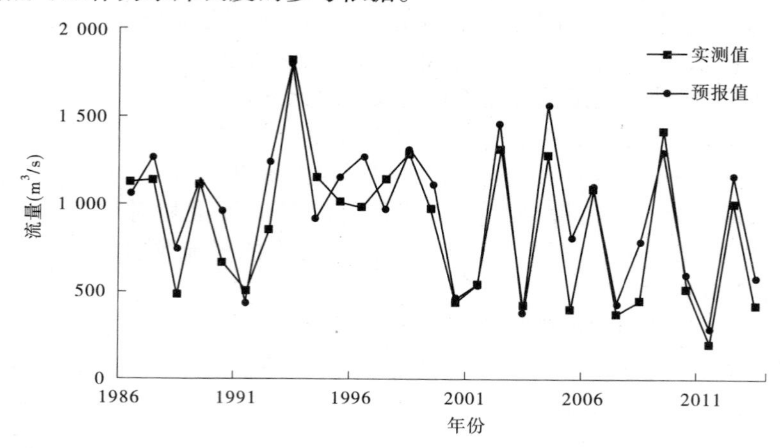

图 5-4　BP 神经网络模型柘溪 7 月样本模拟结果

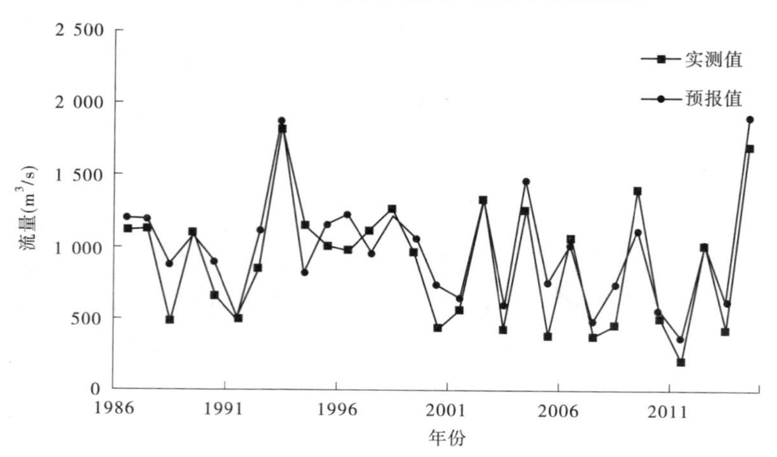

图 5-5　Elman 神经网络模型柘溪 7 月样本模拟结果

5.4　本章小结

本章采用主成分分析方法处理预报因子,应用多元线性回归模型、BP 神经网络模型和 Elman 神经网络模型进行柘溪水库旬尺度的中长期水文预报,并统计计算年、汛期、季节和月尺度的预报结果。结果表明,三种模型可以准确预报柘溪水库中长期径流,可以应用于工程实际。对比三种模型预报结果得出如下结论:

(1)限于原始输入资料的匮乏,模型预报因子的选取范围受到较大限制。经过对预报因子的多次筛选,得到最优的对应于不同旬的预报因子。通过对三种模型预报结果的分析可知,采用主成分分析方法选取预报因子的方法适用于柘溪水库中长期预报。

(2)三种模型均能精确预报年平均径流量和汛期平均径流量。对比季尺度预报结果,夏、秋季预报效果略差于春、冬季节。月平均流量预报则与月平均流量波动剧烈程度有关,夏季月份模拟和预报效果相对较差。

(3)对比三种模型预报结果,BP 神经网络和 Elman 神经网络在年、汛期、季节和月尺度的预报效果要优于多元线性回归模型。这说明神经网络模型不仅简化了径流预报过程,而且预报精度较高,可用来解决实际工程应用中非线性水文问题。

(4)Elman 神经网络模型预报效果较 BP 神经网络模型预报精度更高,这说明 Elman 模型在结构上承接层的设置加强了模型对动态信息的处理能力。多元线性回归模型在平水年的预报效果较好,能够对柘溪流域干流断面中长期径流预报进行作业预报,具有流域适用性与工程实用性;建议参考其他中长期预报模型的预报结果进行综合使用。

参 考 文 献

[1] Li H, Xu C, Beldring S, et al. Water resources under climate change in Himalayan basins[J]. Water Resources Management, 2016, 30(2): 843-859.

[2] Wang J, Shang Y, Wang H, et al. Beijing's Water Resources: Challenges and Solutions[J]. Jawra Journal of the American Water Resources Association, 2015, 51(3): 614-623.

[3] Tian Y, Xu Y, Zhang X. Assessment of climate change impacts on river high flows through comparative use of GR4J, HBV and Xin'anjiang models[J]. Water Resources Management, 2013, 27(8): 2871-2888.

[4] Song X, Kong F, Zhan C, et al. Parameter identification and global sensitivity analysis of Xin'anjiang model using meta-modeling approach[J]. Water Science and Engineering, 2013, 6(1): 1-17.

[5] Cheng C, Zhao M, Chau K W, et al. Using genetic algorithm and TOPSIS for Xin'anjiang model calibration with a single procedure[J]. Journal of Hydrology, 2006, 316(1): 129-140.

[6] Ren-Jun Z. The Xin'anjiang model applied in China[J]. Journal of Hydrology, 1992, 135(1): 371-381.

[7] Kuczera G, Parent E. Monte Carlo assessment of parameter uncertainty in conceptual catchment models: the Metropolis algorithm[J]. Journal of Hydrology, 1998, 211(1): 69-85.

[8] Marshall L, Nott D, Sharma A. A comparative study of Markov chain Monte Carlo methods for conceptual rainfall-runoff modeling[J]. Water Resources Research, 2004, 40(2).

[9] 李莹芹. 大沽夹河流域洪水预报研究[D].大连:大连理工大学,2015.

[10] Rezaeianzadeh M, Stein A, Cox J P. Drought forecasting using Markov Chain Model and Artificial Neural Networks[J]. Water Resources Management, 2016, 30(7): 2245-2259.

[11] 贾馥溶. 分布式水文模型 EasyDHM 在太湖流域山丘区的研究与应用[D].上

海:东华大学,2014.

[12] Montanari A. What do we mean by 'uncertainty'? The need for a consistent wording about uncertainty assessment in hydrology[J]. Hydrological Processes, 2007, 21(6): 841-845.

[13] 郭晓亮. 感潮河段潮位与洪水预报及上游水库控制模式研究[D].大连:大连理工大学,2009.

[14] Fan F M, Schwanenberg D, Alvarado R, et al. Performance of deterministic and probabilistic hydrological forecasts for the short-term optimization of a tropical hydropower reservoir[J]. Water Resources Management, 2016: 1-17.

[15] Binley A M, Beven K J, Calver A, et al. Changing responses in hydrology: assessing the uncertainty in physically based model predictions[J]. Water Resources Research, 1991, 27(6): 1253-1261.

[16] Huisman J A, Breuer L, Frede H. Sensitivity of simulated hydrological fluxes towards changes in soil properties in response to land use change[J]. Physics and Chemistry of the Earth, Parts A/B/C, 2004, 29(11): 749-758.

[17] Chen X, Yang T, Wang X, et al. Uncertainty intercomparison of different hydrological models in simulating extreme flows[J]. Water Resources Management, 2013, 27(5): 1393-1409.

[18] Liu Z, Guo Y, Wang L, et al. Streamflow forecast errors and their impacts on forecast-based reservoir flood control[J]. Water Resources Management, 2015, 29(12): 4557-4572.

[19] 武震,张世强,丁永建. 水文系统模拟不确定性研究进展[J]. 中国沙漠, 2007,27(5): 890-896.

[20] 江善虎,任立良,刘淑雅,等. 基于贝叶斯模型平均的水文模型不确定性及集合模拟[J]. 中国农村水利水电,2017(1).

[21] Zhou R, Li Y, Lu D, et al. An optimization based sampling approach for multiple metrics uncertainty analysis using generalized likelihood uncertainty estimation [J]. Journal of Hydrology, 2016, 540: 274-286.

[22] Zhang X, Zhao K. Bayesian neural networks for uncertainty analysis of hydrologic modeling: a comparison of two schemes[J]. Water Resources Management, 2012, 26(8): 2365-2382.

[23] 李向阳. 水文模型参数优选及不确定性分析方法研究[D].大连:大连理工大学,2006.

[24] Moradkhani H, Hsu K L, Gupta H, et al. Uncertainty assessment of hydrologic model states and parameters: Sequential data assimilation using the particle filter [J]. Water Resources Research, 2005, 41(5).

[25] Haan P K, Skaggs R W. Effect of parameter uncertainty on DRAINMOD predictions: I. Hydrology and yield[J]. Transactions of the ASAE, 2003, 46(4): 1061.

[26] Xu C. Statistical analysis of parameters and residuals of a conceptual water balance model — methodology and case study[J]. Water Resources Management, 2001, 15(2): 75-92.

[27] 梁忠民,李彬权,余钟波,等. 基于贝叶斯理论的 TOPMODEL 参数不确定性分析[J]. 河海大学学报(自然科学版),2009,37(2): 129-132.

[28] Guo J, Zhou J, Zou Q, et al. A novel multi-objective shuffled complex differential evolution algorithm with application to hydrological model parameter optimization [J]. Water Resources Management, 2013, 27(8): 2923-2946.

[29] 田烨. 气候变化对极端径流影响评估中的不确定性研究[D].杭州:浙江大学,2013.

[30] 董磊华. 考虑气候模式影响的径流模拟不确定性分析[D].武汉:武汉大学,2013.

[31] Chen J, Brissette F P, Leconte R. Uncertainty of downscaling method in quantifying the impact of climate change on hydrology[J]. Journal of Hydrology, 2011, 401(3): 190-202.

[32] Vrugt J A, Ter Braak C J, Clark M P, et al. Treatment of input uncertainty in hydrologic modeling: Doing hydrology backward with Markov chain Monte Carlo simulation[J]. Water Resources Research, 2008, 44(12).

[33] Hibon M, Evgeniou T. To combine or not to combine: selecting among forecasts and their combinations[J]. International Journal of Forecasting, 2005, 21(1): 15-24.

[34] 杜拉,纪昌明,李荣波,等. 基于小波-BP 神经网络的贝叶斯概率组合预测模型及其应用[J]. 中国农村水利水电,2015(7): 50-53.

[35] 周正,叶爱中,马凤,等. 基于贝叶斯理论的水文多模型预报[J]. 南水北调与水利科技,2017(1): 43-48.

[36] Araghinejad S. An approach for probabilistic hydrological drought forecasting[J]. Water Resources Management, 2011, 25(1): 191-200.

[37] Chen S, Yu P. Real-time probabilistic forecasting of flood stages[J]. Journal of Hydrology, 2007, 340(1-2): 63-77.

[38] Zhang H, Zhou J, Ye L, et al. Lower upper bound estimation method considering symmetry for construction of prediction intervals in flood forecasting[J]. Water Resources Management, 2015, 29(15): 5505-5519.

[39] Zhao T, Zhao J. Forecast-skill-based simulation of streamflow forecasts[J]. Advances in Water Resources, 2014, 71: 55-64.

[40] Ye L, Zhou J, Zeng X, et al. Multi-objective optimization for construction of prediction interval of hydrological models based on ensemble simulations[J]. Journal of Hydrology, 2014, 519(A): 925-933.

[41] 赵铜铁钢,杨大文,李明亮. 超越概率贝叶斯判别分析方法及其在中长期径流预报中的应用[J]. 水利学报,2011,42(6): 692-699.

[42] Zhao T, Zhao J, Yang D, et al. Generalized martingale model of the uncertainty evolution of streamflow forecasts[J]. Advances in Water Resources, 2013, 57: 41-51.

[43] Zhao T, Cai X, Yang D. Effect of streamflow forecast uncertainty on real-time reservoir operation[J]. Advances in Water Resources, 2011, 34(4): 495-504.

[44] 李明亮. 基于贝叶斯统计的水文模型不确定性研究[D].北京:清华大学, 2012.

[45] Schaake J. Experimental hydrometeorological and hydrological ensemble forecasts and their verification in the US National Weather Service[J]. Quantification and Reduction of Predictive Uncertainty for Sustainable Water Resources Management, 2007(313): 177.

[46] Asefa T. Ensemble streamflow forecast: A GLUE - based neural network approach[J]. Journal of the American Water Resources Association, 2009, 45(5): 1155-1163.

[47] Cloke H L, Pappenberger F. Ensemble flood forecasting: A review[J]. Journal of Hydrology, 2009, 375(3-4): 613-626.

[48] Alemu E T, Palmer R N, Polebitski A, et al. Decision support system for optimizing reservoir operations using ensemble streamflow predictions[J]. Journal of Water Resources Planning and Management, 2010, 137(1): 72-82.

[49] Chen J, Brissette F P. Combining stochastic weather generation and ensemble weather forecasts for short-term streamflow prediction[J]. Water Resources Man-

agement, 2015, 29(9): 3329-3342.

[50] Schwanenberg D, Fan F M, Naumann S, et al. Short-term reservoir optimization for flood mitigation under meteorological and hydrological forecast uncertainty[J]. Water Resources Management, 2015, 29(5): 1635-1651.

[51] Singh S K. Long-term streamflow forecasting based on ensemble streamflow prediction technique: A case study in New Zealand[J]. Water Resources Management, 2016, 30(7): 2295-2309.

[52] 郝振达. 析因设计与贝叶斯概率预报方法在香溪河流域水文模型中的应用[D].北京:华北电力大学,2014.

[53] 赵铜铁钢. 考虑水文预报不确定性的水库优化调度研究[D].北京:清华大学,2013.

[54] 邢贞相. 确定性水文模型的贝叶斯概率预报方法研究[D].南京:河海大学,2007.

[55] 张洪刚. 贝叶斯概率水文预报系统及其应用研究[D].武汉:武汉大学,2005.

[56] 刘章君,郭生练,李天元,等. 贝叶斯概率洪水预报模型及其比较应用研究[J]. 水利学报,2014,45(9): 1019-1028.

[57] 韩义超,徐炜,张弛,等. 径流贝叶斯概率预报在水库发电优化调度中的应用[J]. 水利水电科技进展,2014,34(4): 39-45.

[58] 李响,郭生练,张洪刚,等. 基于贝叶斯概率预报的水库汛限水位实时动态控制研究[J]. Journal of Water Resources Research,2012,1(3): 37-44.

[59] 张洪刚,郭生练,刘攀,等. 基于贝叶斯分析的概率洪水预报模型研究[J]. 水电能源科学,2004(1): 22-25.

[60] 梁忠民,戴荣,王军,等. 基于贝叶斯模型平均理论的水文模型合成预报研究[J]. 水力发电学报,2010,29(2): 114-118.

[61] 王善序. 贝叶斯概率水文预报简介[J]. 水文,2001,21(5): 33-34.

[62] 梁莉,赵琳娜,齐丹,等. 基于贝叶斯原理降水订正的水文概率预报试验[J]. 应用气象学报,2013,24(4): 416-424.

[63] 邢贞相,芮孝芳,崔海燕,等. 基于 AM-MCMC 算法的贝叶斯概率洪水预报模型[J]. 水利学报,2007,38(12): 1500-1506.

[64] 殷志远,彭涛,王俊超,等. 基于 AREM 模式的贝叶斯洪水概率预报试验[J]. 暴雨灾害,2012,31(1): 59-65.

[65] 陈法敬,矫梅燕,陈静. 亚高斯贝叶斯预报处理器及其初步试验[J]. 气象学报,2011,69(5): 872-882.

[66] 张宇,梁忠民. BFS在洪水预报中的应用研究[J]. 水电能源科学,2009(5):44-47.

[67] 张玉虎,向柳,孙庆,等. 贝叶斯框架的Copula季节水文干旱预报模型构建及应用[J]. 地理科学,2016,36(9):1437-1444.

[68] 蒋晓蕾,梁忠民,王春青,等. BFS-HUP模型在潼关站洪水概率预报中的应用[J]. 人民黄河,2015,37(7):13-15.

[69] 王军,梁忠民,胡义明. BFS在洪水预报中的应用与改进[J]. 河海大学学报(自然科学版),2012,40(1):52-58.

[70] Ticlavilca A M, Mckee M. Multivariate Bayesian regression approach to forecast releases from a system of multiple reservoirs[J]. Water Resources Management, 2011, 25(2): 523-543.

[71] Li M, Yang D, Chen J, et al. Calibration of a distributed flood forecasting model with input uncertainty using a Bayesian framework[J]. Water Resources Research, 2012, 48(8).

[72] Li W, Zhou J, Sun H, et al. Impact of distribution type in bayes probability flood forecasting[C]//Water Resources Management An International Journal Published for the European Water Resources Association, 2017: 1-17.

[73] Krzysztofowicz R, Kelly K S. Hydrologic uncertainty processor for probabilistic river stage forecasting[J]. Water Resources Research, 2000, 36(11): 3265-3277.

[74] Krzysztofowicz R. Bayesian theory of probabilistic forecasting via deterministic hydrologic model[J]. Water Resources Research, 1999, 35(9): 2739-2750.

[75] 张洪刚,郭生练. 贝叶斯概率洪水预报系统[J]. 科学技术与工程,2004,4(2):74-75.

[76] Zhang H, Guo S, Liu P, et al. Real-time flood updating model based on Bayesian method[J]. Journal of Wuhan University of Hydraulic and Electric Engineering, 2005, 1.

[77] Marshall L, Nott D, Sharma A. A comparative study of Markov chain Monte Carlo methods for conceptual rainfall - runoff modeling[J]. Water Resources Research, 2004, 40(40): 183-188.

[78] Marshall L, Nott D, Sharma A. Hydrological model selection: A Bayesian alternative[J]. Water Resources Research, 2005, 41(10).

[79] Biondi D, De Luca D L. A Bayesian approach for real-time flood forecasting[J].

Physics and Chemistry of the Earth, Parts A/B/C, 2012, 42-44: 91-97.

[80] Krzysztofowicz R. Probabilistic flood forecast: Exact and approximate predictive distributions[J]. Journal of Hydrology, 2014, 517: 643-651.

[81] Herr H D, Krzysztofowicz R. Bayesian ensemble forecast of river stages and ensemble size requirements[J]. Journal of Hydrology, 2010, 387(3-4): 151-164.

[82] Herr H D, Krzysztofowicz R. Ensemble Bayesian forecasting system Part I: Theory and algorithms[J]. Journal of Hydrology, 2015, 524: 789-802.

[83] Sharma A, Marshall L, Nott D, et al. A Bayesian view of rainfall-runoff modelling: alternatives for parameter estimation, model comparison and hierarchical model development.In: 2005: 299-311.

[84] Sun A Y, Wang D, Xu X. Monthly streamflow forecasting using Gaussian Process Regression[J]. Journal of Hydrology, 2014, 511: 72-81.

[85] Vrugt J A, Diks C G H, Clark M P. Ensemble Bayesian model averaging using Markov Chain Monte Carlo sampling[J]. Environmental Fluid Mechanics, 2008, 8(5-6): 579-595.

[86] D Oria M, Mignosa P, Tanda M G. Bayesian estimation of inflow hydrographs in ungauged sites of multiple reach systems[J]. Advances in Water Resources, 2014, 63: 143-151.

[87] Kim Y, Palmer R N. Value of seasonal flow forecasts in Bayesian stochastic programming[J]. Journal of Water Resources Planning and Management, 1997, 123(6): 327-335.

[88] Xiong L, Wan M I N, Wei X, et al. Indices for assessing the prediction bounds of hydrological models and application by generalised likelihood uncertainty estimation / Indices pour évaluer les bornes de prévision de modèles hydrologiques et mise en œuvre pour une estimation d' incertitude par vraisemblance généralisée[J]. Hydrological Sciences Journal, 2009, 54(5): 852-871.

[89] Ye L, Zhou J, Zeng X, et al. Multi-objective optimization for construction of prediction interval of hydrological models based on ensemble simulations[J]. Journal of Hydrology, 2014, 519: 925-933.

[90] Ye L, Zhou J, Gupta H V, et al. Efficient estimation of flood forecast prediction intervals via single- and multi-objective versions of the LUBE method[J]. Hydrological Processes, 2016, 30(15): 2703-2716.

[91] Golian S, Saghafian B, Maknoon R. Derivation of probabilistic thresholds of spa-

tially distributed rainfall for flood forecasting[J]. Water Resources Management, 2010, 24(13): 3547-3559.

[92] Yu P, Yang T, Kuo C, et al. A stochastic approach for seasonal water-shortage probability forecasting based on seasonal weather outlook[J]. Water Resources Management, 2014, 28(12): 3905-3920.

[93] Kasiviswanathan K S, Sudheer K P. Comparison of methods used for quantifying prediction interval in artificial neural network hydrologic models[J]. Modeling Earth Systems and Environment, 2016, 2(1).

[94] Tulaxay Phanthavong. 基于小波-BP 神经网络的贝叶斯概率组合预测模型及其在预报调度中的应用[D].北京:华北电力大学,2015.

[95] Khosravi A, Nahavandi S, Creighton D, et al. Lower upper bound estimation method for construction of neural network-based prediction intervals[J]. IEEE Trans Neural Netw, 2011, 22(3): 337-346.

[96] Taormina R, Chau K. ANN-based interval forecasting of streamflow discharges using the LUBE method and MOFIPS[J]. Engineering Applications of Artificial Intelligence, 2015, 45: 429-440.

[97] Khosravi A, Nahavandi S, Creighton D, et al. Comprehensive review of neural network-based prediction intervals and new advances[J]. IEEE Transactions on Neural Networks, 2011, 22(9): 1341-1356.

[98] Friedman J H, Stuetzle W. Projection pursuit regression[J]. Journal of the American Statistical Association, 1981, 76(376): 817-823.

[99] Hall P. On projection pursuit regression[J]. The Annals of Statistics, 1989: 573-588.

[100] Klinke S, Grassmann J. Projection pursuit regression. Smoothing and Regression: Approaches, Computation, and Application, 2000: 471-496.

[101] Wang S, Ni C. Application of projection pursuit dynamic cluster model in regional partition of water resources in China[J]. Water Resources Management, 2008, 22(10): 1421-1429.

[102] Durocher M, Chebana F, Ouarda T B M J. A Nonlinear approach to regional flood frequency analysis using projection pursuit regression[J]. Journal of Hydrometeorology, 2015, 16(4): 1561-1574.

[103] 纪昌明,李荣波,张验科,等. 基于小波分解的投影寻踪自回归组合模型及其在年径流预测中的应用[J]. 水力发电学报,2015,34(7): 27-35.

[104] Wang W, Chau K, Xu D, et al. The annual maximum flood peak discharge forecasting using hermite projection pursuit regression with SSO and LS method[J]. Water Resources Management, 2016: 1-17.
[105] 游海林. 大伙房水库径流中长期预报方法应用研究[D].大连:辽宁师范大学,2010.
[106] 桑燕芳,王栋,吴吉春,等. 基于 WA、ANN 和水文频率分析法相结合的中长期水文预报模型的研究[J]. 水文,2009,29(3): 10-15.
[107] Sang Y. Improved wavelet modeling framework for hydrologic time series forecasting[J]. Water Resources Management, 2013, 27(8): 2807-2821.
[108] 徐冬梅,赵晓慎. 中长期水文预报方法研究综述[J]. 水利科技与经济, 2010,16(1): 1-7.
[109] 王雪玉. 中长期水文预报研究现状[J]. 黑龙江科技信息,2012(5): 37.
[110] 王富强,霍风霖. 中长期水文预报方法研究综述[J]. 人民黄河,2010,32(3): 25-28.
[111] 石威. 长江三峡梯级中长期径流预报模型研究及其系统开发[D].武汉:华中科技大学,2012.
[112] 刘勇,王银堂,陈元芳,等. 丹江口水库秋汛期长期径流预报[J]. 水科学进展,2010,21(6): 771-778.
[113] 刘晔. 长江三峡枯季入库径流中长期水文预报研究[D].重庆:重庆交通大学,2012.
[114] 刘秀华. VB 开发的清河水库中长期水文预报系统设计[J]. 湖南水利水电, 2016(2): 53-54.
[115] Jiao P, Xu D, Wang S, et al. Improved SCS-CN method based on storage and depletion of antecedent daily precipitation[J]. Water Resources Management, 2015, 29(13): 4753-4765.
[116] Kumar S, Tiwari M K, Chatterjee C, et al. Reservoir inflow forecasting using ensemble models based on neural networks, wavelet analysis and bootstrap method[J]. Water Resources Management, 2015, 29(13): 4863-4883.
[117] 曾小凡. 中长期水文统计预报方法研究及应用[D].南京:河海大学,2005.
[118] 王圣. 基于神经网络的水文预报方法研究[D].武汉:华中科技大学,2013.
[119] Pan H, Wang X Y, Chen Q, et al. Application of BP neural network based on genetic algorithm[J]. Computer Applications, 2005.
[120] 孙卫刚,王正勇. 克尔古提水文站站月水量预报方案的编制. 大科技 · 科技

天地,2010(1).

[121] 孙冰心,刘琦,金立卫. 采用多元线性回归分析法预报东宁站年最大流量[J]. 黑龙江水利科技,2014(10):51-53.

[122] 吴超羽,张文. 水文预报的人工神经网络方法[J]. 中山大学学报(自然科学版),1994(1):79-90.

[123] 张少文,张学成,王玲,等. 黄河上游年降雨—径流预测研究[J]. 中国农村水利水电,2005(1):41-44.

[124] 屈亚玲,周建中,刘芳,等. 基于改进的 Elman 神经网络的中长期径流预报[J]. 水文,2006,26(1):45-50.

[125] 葛朝霞,薛梅. 多因子逐步回归周期分析在中长期水文预报中的应用[J]. 河海大学学报(自然科学版),2009,37(3):255-257.

[126] 张俊,程春田,申建建,等. 基于蚁群算法的支持向量机中长期水文预报模型[J]. 水力发电学报,2010,29(6):34-40.

[127] 雷杰,彭杨,纪昌明. 基于改进灰色-周期外延模型的中长期水文预报[J]. 人民长江,2010,41(24):28-31.

[128] 张利平,王德智,夏军,等. 混沌相空间相似模型在中长期水文预报中的应用[J]. 水力发电,2004,30(11):5-7.

[129] 张利平,王德智,夏军,等. 基于气象因子的中长期水文预报方法研究[J]. 水电能源科学,2003,21(3):4-6.

[130] Hamlet A F, Lettenmaier D P. Columbia River streamflow forecasting based on ENSO and PDO climate signals[J]. Journal of Water Resources Planning and Management, 1999, 125(6):333-341.

[131] Zhang L, Hickel K, Shao Q. Predicting afforestation impacts on monthly streamflow using the DWBM model[J]. Ecohydrology, 2016.

[132] 张莉,屈吉鸿,陈南祥. 张家港市年径流量变化及其对气候变化的响应分析[J]. 华北水利水电大学学报(自然科学版),2015,36(1):1-5.

[133] 刘颖,宋景帅,苗宇雷,等. 基于 PCA 聚类分析的神经网络模型设计与应用[J]. 电子制作,2015(12):58-60.

[134] 农吉夫,黄文宁. 基于主成分分析的 BP 神经网络长期预报模型[J]. 广西师范学院学报(自然科学版),2008,25(4):46-51.

[135] 朱永飞. 基于主成分分析的洪灾损失影响因子评估[J]. 长江科学院院报,2015,32(5):53-56.

[136] Noori R, Karbassi A R, Moghaddamnia A, et al. Assessment of input variables

determination on the SVM model performance using PCA, Gamma test, and forward selection techniques for monthly stream flow prediction[J]. Journal of Hydrology, 2011, 401(3-4): 177-189.

[137] 赵铜铁钢,杨大文. 神经网络径流预报模型中基于互信息的预报因子选择方法[J]. 水力发电学报,2011,30(1): 24-30.

[138] 王思如,陶凤玲,李若东,等. 水文预报因子选择中两种不同方法的对比分析[J]. 水电能源科学,2012(11): 18-20.

[139] 陈守煜. 工程水文水资源系统模糊集分析理论与实践[M]. 大连: 大连理工大学出版社,1998.

[140] 陈守煜. 中长期水文预报综合分析理论模式与方法[J]. 水利学报,1997(8): 15-21.

[141] 宋荷花. 湘江流域中长期水文预报[D].长沙:长沙理工大学,2008.

[142] 朱永英,周惠成,彭慧. 粗集-模糊推理技术在水文中长期预报中的应用研究[J]. 水力发电学报,2009,28(1): 45-50.

[143] 谢敏萍,王志良,王得利. 基于灰关联分析的多元线性回归模型在中长期水文预报中的应用[J]. 重庆科技学院学报(自然科学版),2007,9(2): 85-86.

[144] 李薇,周建中,叶磊,等. 基于主成分分析的三种中长期预报模型在柘溪水库的应用[J]. 水力发电,2016,42(9): 17-21.

[145] 曹永强,游海林,邢晓森,等. 基于 Logistic 方程的多元回归径流预报模型及其应用[J]. 水力发电,2009,35(6): 12-14.

[146] 冯小冲. 水库中长期水文预报模型研究[D].南京:南京水利科学研究院,2010.

[147] 张铭,李承军,张勇传. 贝叶斯概率水文预报系统在中长期径流预报中的应用[J]. 水科学进展,2009,20(1): 40-44.

[148] 关志成,吴海龙,崔军,等. 马斯京根法洪水演进反演计算方法的探讨[J]. 水文,2006,26(2): 9-12.

[149] 马海波,董增川,张文明,等. SCE-UA 算法在 TOPMODEL 参数优化中的应用[J]. 河海大学学报(自然科学版),2006,34(4): 361-365.

[150] Kuczera G. Efficient subspace probabilistic parameter optimization for catchment models[J]. Water Resources Research, 1997, 33(1): 177-185.

[151] Bogner K, Pappenberger F, Cloke H L. Technical Note: The normal quantile transformation and its application in a flood forecasting system[J]. Hydrology

and Earth System Sciences, 2012, 16(4): 1085-1094.

[152] Stein C M. Estimation of the mean of a multivariate normal distribution[J]. The Annals of Statistics, 1981: 1135-1151.

[153] Shaoguang Z M B. Application of mellin transform to parameters estimation for pearson-Ⅲ distribution[J]. Water Resources and Power, 2010, 6: 4.

[154] Turnbull B W. The empirical distribution function with arbitrarily grouped, censored and truncated data[J]. Journal of the Royal Statistical Society. Series B (Methodological), 1976: 290-295.

[155] Sharma A. Seasonal to interannual rainfall probabilistic forecasts for improved water supply management: Part 1—A strategy for system predictor identification [J]. Journal of Hydrology, 2000, 239(1-4): 232-239.

[156] Sharma A. Seasonal to interannual rainfall probabilistic forecasts for improved water supply management: Part 3—A nonparametric probabilistic forecast model [J]. Journal of Hydrology, 2000, 239(1-4): 249-258.

[157] 刘颖. 基于非参数模型的水文预报研究[D].西安:西安理工大学,2013.

[158] 任仙玲,张世英. 基于非参数核密度估计的 Copula 函数选择原理[J]. 系统工程学报,2010,25(1): 38-44.

附　录

附表 1　$k=2$ 时五种分布的贝叶斯概率预报结果

洪号	P-Ⅲ		Nonpara		Empirical		Normal		Logweibull	
	RMSE	R^2	*RMSE*	R^2	*RMSE*	R^2	*RMSE*	R^2	*RMSE*	R^2
1	203.63	0.97	294.68	0.94	200.35	0.97	198.34	0.97	195.83	0.97
2	180.27	0.97	227.72	0.95	177.11	0.97	178.24	0.97	175.44	0.97
3	390.40	0.94	578.27	0.86	331.58	0.95	374.48	0.94	319.12	0.96
4	145.97	0.98	231.01	0.95	144.67	0.98	140.45	0.98	138.54	0.98
5	325.70	0.94	457.47	0.87	292.41	0.95	312.56	0.94	289.94	0.95
6	305.78	0.96	513.07	0.88	279.56	0.97	274.90	0.97	253.51	0.97
7	300.23	0.96	430.73	0.91	286.01	0.96	291.87	0.96	282.28	0.96
8	614.81	0.85	937.33	0.65	435.71	0.92	580.55	0.87	409.02	0.93
9	127.22	0.98	192.76	0.96	130.09	0.98	124.61	0.98	124.67	0.98
10	253.95	0.97	397.55	0.93	212.77	0.98	236.39	0.97	197.79	0.98
11	305.80	0.94	368.02	0.92	295.18	0.95	304.99	0.94	299.53	0.95
12	207.36	0.95	305.46	0.90	198.04	0.96	203.76	0.95	196.91	0.96
13	724.50	0.89	954.40	0.81	528.61	0.94	727.44	0.89	521.91	0.94
14	686.83	0.88	909.39	0.78	540.93	0.92	677.88	0.88	539.70	0.92

续附表 1

洪号	P-Ⅲ		Nonpara		Empirical		Normal		Logweibull	
	RMSE	R^2	*RMSE*	R^2	*RMSE*	R^2	*RMSE*	R^2	*RMSE*	R^2
15	814.82	0.81	1 180.02	0.60	464.29	0.94	814.66	0.81	412.01	0.95
16	1 342.31	0.70	1 726.46	0.50	705.88	0.92	1 384.24	0.68	523.23	0.95
17	138.16	0.97	177.40	0.96	134.39	0.98	137.90	0.97	134.36	0.98
18	267.79	0.96	334.55	0.94	264.30	0.96	264.08	0.96	262.67	0.96
19	429.07	0.93	572.66	0.88	365.97	0.95	422.11	0.93	358.20	0.95
20	402.71	0.93	500.70	0.89	370.74	0.94	394.99	0.93	379.60	0.93
21	176.90	0.96	301.14	0.89	165.40	0.97	167.63	0.97	156.62	0.97
22	523.32	0.92	834.77	0.79	317.32	0.97	490.84	0.93	282.69	0.98
23	247.61	0.87	272.60	0.85	239.97	0.88	250.60	0.87	247.05	0.87
24	147.54	0.97	185.79	0.96	142.03	0.98	148.17	0.97	145.03	0.97
25	291.56	0.94	543.93	0.78	272.18	0.95	261.92	0.95	241.98	0.96
26	547.32	0.93	782.05	0.85	285.27	0.98	554.55	0.92	240.47	0.99
27	210.49	0.93	262.63	0.90	209.76	0.93	209.29	0.93	208.13	0.93
28	722.93	0.88	940.71	0.80	435.07	0.96	742.43	0.88	387.45	0.97
1	167.97	0.79	164.88	0.80	163.03	0.81	171.10	0.79	168.94	0.79
2	173.33	0.93	193.66	0.92	170.76	0.94	174.21	0.93	172.10	0.94
3	75.72	0.97	110.13	0.93	72.62	0.97	76.12	0.97	76.45	0.97
4	271.23	0.80	295.21	0.77	259.58	0.82	274.55	0.80	267.18	0.81

续附表 1

洪号	P-Ⅲ		Nonpara		Empirical		Normal		Logweibull	
	RMSE	R^2	*RMSE*	R^2	*RMSE*	R^2	*RMSE*	R^2	*RMSE*	R^2
5	158.90	0.96	246.35	0.91	161.39	0.96	154.69	0.96	153.36	0.96
6	216.74	0.85	209.40	0.86	207.96	0.86	220.33	0.84	215.13	0.85
7	116.56	0.91	116.14	0.91	112.85	0.91	118.71	0.90	116.61	0.91
8	125.40	0.93	127.76	0.93	120.67	0.94	127.89	0.93	125.17	0.93
9	214.68	0.87	227.50	0.86	206.65	0.88	217.64	0.87	213.29	0.87
10	118.83	0.91	119.33	0.91	118.02	0.91	121.05	0.90	121.17	0.90
11	179.41	0.92	185.50	0.92	174.87	0.93	181.79	0.92	178.54	0.92
12	132.70	0.96	220.67	0.90	130.74	0.97	133.25	0.96	130.68	0.97
13	230.12	0.87	246.32	0.85	219.84	0.88	231.05	0.87	225.46	0.87
14	171.15	0.85	168.37	0.86	165.38	0.86	174.26	0.85	170.80	0.85
15	125.23	0.94	135.79	0.93	119.83	0.95	126.91	0.94	124.64	0.95
16	198.75	0.95	222.77	0.94	228.30	0.93	280.20	0.90	131.55	0.98
17	152.75	0.92	176.83	0.89	148.62	0.92	154.86	0.91	153.26	0.91
18	121.06	0.96	161.34	0.93	112.75	0.97	121.80	0.96	117.29	0.96
19	158.67	0.90	193.15	0.84	152.19	0.90	159.46	0.89	155.95	0.90
20	136.83	0.95	239.10	0.86	134.84	0.96	129.86	0.96	126.46	0.96
21	296.56	0.86	288.63	0.86	340.62	0.81	427.37	0.70	204.49	0.93

附表 2　$k=3$ 时五种分布的贝叶斯概率预报结果

洪号	P-Ⅲ		Nonpara		Empirical		Normal		Logweibull	
	RMSE	R^2	*RMSE*	R^2	*RMSE*	R^2	*RMSE*	R^2	*RMSE*	R^2
1	274.35	0.95	274.14	0.95	277.04	0.95	291.71	0.94	275.65	0.95
2	245.53	0.94	246.13	0.94	245.66	0.94	244.95	0.94	247.30	0.94
3	486.35	0.90	466.33	0.91	470.18	0.91	598.95	0.85	466.28	0.91
4	196.87	0.97	196.27	0.97	199.10	0.96	210.15	0.96	196.40	0.97
5	437.20	0.89	429.59	0.89	429.18	0.89	501.58	0.85	436.30	0.89
6	398.84	0.93	383.50	0.94	389.41	0.93	525.05	0.88	372.66	0.94
7	427.26	0.91	427.14	0.91	425.68	0.91	442.68	0.90	427.25	0.91
8	743.29	0.78	658.66	0.82	652.03	0.83	1 056.20	0.55	638.71	0.83
9	180.64	0.96	180.80	0.96	183.10	0.96	186.81	0.96	180.94	0.96
10	320.58	0.95	304.23	0.96	302.29	0.96	413.93	0.92	294.28	0.96
11	446.85	0.88	450.38	0.88	444.02	0.88	435.17	0.88	454.67	0.87
12	286.59	0.91	288.16	0.91	287.68	0.91	281.19	0.91	288.81	0.91
13	901.91	0.84	820.34	0.86	789.94	0.87	1 145.27	0.73	804.08	0.87
14	888.61	0.79	835.06	0.82	815.81	0.82	1 101.55	0.68	829.66	0.82
15	899.39	0.77	718.62	0.85	650.70	0.88	1 349.07	0.48	620.56	0.89
16	1 425.64	0.66	1 200.69	0.76	940.21	0.85	1 921.33	0.37	812.10	0.89
17	198.73	0.95	199.76	0.95	197.83	0.95	200.63	0.95	202.02	0.95
18	379.75	0.92	381.01	0.92	378.48	0.92	390.18	0.91	381.91	0.92

续附表 2

洪号	P-Ⅲ		Nonpara		Empirical		Normal		Logweibull	
	RMSE	R^2	*RMSE*	R^2	*RMSE*	R^2	*RMSE*	R^2	*RMSE*	R^2
19	558.22	0.88	535.66	0.89	530.24	0.89	653.91	0.84	529.85	0.89
20	574.71	0.85	573.05	0.85	560.40	0.86	603.57	0.83	575.28	0.85
21	244.36	0.93	245.18	0.93	246.75	0.93	240.05	0.93	245.41	0.93
22	595.42	0.89	491.07	0.93	461.60	0.94	923.09	0.74	434.59	0.94
23	351.46	0.74	353.04	0.74	345.90	0.75	342.14	0.75	355.07	0.73
24	189.14	0.96	190.14	0.96	187.56	0.96	190.25	0.96	191.41	0.95
25	392.99	0.88	386.67	0.89	397.73	0.88	481.63	0.82	380.72	0.89
26	586.44	0.92	458.92	0.95	394.19	0.96	882.83	0.81	364.70	0.97
27	287.15	0.88	288.20	0.88	286.96	0.88	282.12	0.88	289.69	0.87
28	771.14	0.87	661.01	0.90	587.06	0.92	1 040.29	0.76	572.12	0.93
1	226.98	0.62	227.90	0.62	223.58	0.63	232.48	0.60	230.29	0.61
2	255.68	0.86	256.44	0.86	252.37	0.86	252.71	0.86	256.32	0.86
3	107.21	0.93	107.86	0.93	106.11	0.93	118.56	0.91	109.66	0.93
4	392.63	0.59	394.30	0.59	384.89	0.61	378.72	0.62	397.24	0.58
5	227.15	0.92	227.36	0.92	229.72	0.92	225.99	0.92	226.00	0.92
6	321.52	0.67	322.90	0.67	315.13	0.69	315.31	0.69	324.56	0.67
7	168.96	0.80	169.46	0.80	166.98	0.81	176.90	0.79	171.75	0.80
8	180.27	0.86	180.89	0.86	177.22	0.87	186.90	0.85	183.71	0.86

续附表 2

洪号	P-Ⅲ		Nonpara		Empirical		Normal		Logweibull	
	RMSE	R^2	*RMSE*	R^2	*RMSE*	R^2	*RMSE*	R^2	*RMSE*	R^2
9	310.88	0.73	312.19	0.73	305.39	0.74	304.84	0.74	314.98	0.73
10	172.62	0.81	173.18	0.81	172.14	0.81	190.26	0.77	176.16	0.80
11	249.64	0.85	250.22	0.85	246.43	0.85	250.09	0.85	252.62	0.85
12	173.54	0.94	173.83	0.94	175.50	0.94	182.40	0.93	179.00	0.94
13	320.22	0.75	321.73	0.74	315.05	0.75	308.41	0.76	322.47	0.74
14	234.95	0.72	235.60	0.72	232.02	0.73	238.97	0.71	239.37	0.71
15	139.65	0.93	140.41	0.93	137.03	0.93	146.45	0.92	143.11	0.93
16	219.18	0.94	208.00	0.94	253.19	0.92	289.83	0.89	165.95	0.96
17	181.00	0.88	181.44	0.88	178.37	0.89	187.83	0.87	183.89	0.88
18	168.39	0.92	169.57	0.92	165.14	0.93	167.24	0.93	171.29	0.92
19	217.99	0.79	218.70	0.79	214.31	0.80	212.69	0.80	219.22	0.79
20	186.00	0.92	186.50	0.91	189.49	0.91	178.20	0.92	183.26	0.92
21	328.74	0.82	312.67	0.84	376.08	0.77	432.04	0.69	267.87	0.88